JN111846

一発合格!
スラスラ解ける ▶ **2級**

ボイラー技士
重要過去問題 & 模試

清浦昌之［著］

ナツメ社

はじめに

　工業高校の教師となり、およそ30年、「2級ボイラー技士」の取得指導にあたり、これまで千人を超える高校生の合格者を輩出してきました。その中の一人から、最近、再就職したと連絡がありました。高校を卒業して20年が経っているのですが、高校時代に「将来、役に立つ時が来るかもしれない」と薦められた「2級ボイラー技士」を取得していることを思い出し、資格を活かしてつくば市の研究所に勤めだしたそうです。その際に、ボイラーの知識を思い起こすために、書店で『一発合格！これならわかる　2級ボイラー技士試験 テキスト＆問題集 第3版』（ナツメ社）を購入したところ、著者が私であることを知り連絡をくれたのです。

　彼は、自ら築いた資格という財産で、新たな道を切り拓きました。

　「2級ボイラー技士」試験は、年齢制限がなく、誰でも受験できます。「ボイラー技士」は、工業用のボイラー以外にも給湯用や冷暖房用などのボイラーを取り扱う専門家として全国でニーズが高い国家資格です。また、書き替えの必要がない終身資格のため、将来の生活設計に活かすことができます。

では、その財産を築くためにはどうしたらよいのでしょう。

「過去問をやっておけば大丈夫だよ。」ということばをよく聞きますが、最近の問題は、解答の組み合わせが多彩になり、内容を理解していないと解けなくなってきています。単なる答えの暗記だけでは太刀打ちできません。合格のポイントは、イメージで捉えながら、しっかりと要点を押さえることです。そのためにはテキストで要点を整理し、項目ごとに類似問題を解いて理解度を深めることです。

本書は、『一発合格！これならわかる　2級ボイラー技士試験 テキスト＆問題集 第3版』と連動し、章ごとに要点整理で重要なポイントを確認した上で、細かい項目ごとに出題頻度の高い実際の過去問を解くことにより、確実に知識が蓄積される構造となっています。さらに最終的に出題傾向の高い問題を集約した模擬問題を解くことにより、最終チェックがなされるようになっています。

受験される皆さんが、本書を活用し、見事に合格という栄冠を勝ち取り、社会で活躍されることを期待しております。

著者　清浦　昌之

2級ボイラー技士免許試験 試験概要

2級ボイラー技士免許試験とは？

　伝熱面積の合計が25㎡未満のボイラーを取り扱う作業では、特級、1級または2級ボイラー技士免許を受けた者からボイラー取扱作業主任者を選任することが必要です。2級ボイラー技士はごく一般に設置されている製造設備あるいは冷暖房、給湯用のエネルギー源としてのボイラーを取り扱う重要な職務です。

受験資格

　特に必要なものはありません。ただし、免許試験に合格後、免許申請をする際には、実務経験等を証明する書類の添付が必要となります。「実務経験等を証明する書類」の交付要件に関する詳しい情報は、厚生労働省の「免許試験合格者等のための免許申請書等手続の手引き」をご確認ください。

免許を受け取ることができない者

　次の条件に該当する者は免許を受け取ることはできません。
・身体または精神の機能の障害により免許に係る業務を適正に行うに当たって必要なボイラーの操作またはボイラーの運転状態の確認を適切に行うことができない者（ボイラーの種類を限定して免許を交付する場合もあり）
・免許を取消され、その取消しの日から起算して1年を経過していない者
・満18歳に満たない者
・同一の種類の免許を現に受けている者

提出先と申込期間

`提出先` 受験を希望する各地区安全衛生技術センター
`提出方法および受付期間`
①郵便（簡易書留）の場合
　第1受験希望日の2か月前から14日前（消印有効）までに郵送する（定員に達したときは第2希望日になります）。

②センター窓口へ持参の場合

直接提出先に第１受験希望日の２か月前からセンターの休業日を除く２日前までに持参する（定員に達したときは第２希望日になります）。

※土曜日、日曜日、国民の祝日・休日、年末年始（12月29日〜１月３日）、設立記念日（５月１日）は休業しています。

試験日と受験料

試験日　年間12〜14回：４月〜翌年３月までに各月１回または２回行われる。
※各地区安全衛生技術センターによって試験日および試験の実施回数は異なります。

受験料　8,800円

２級ボイラー技士免許試験の試験科目と出題範囲

２級ボイラー技士免許試験は、筆記試験で４科目実施され、科目ごとに10問ずつ出題されます。合格基準は、科目ごとの得点が40％以上で、なおかつ合計点が60％以上であることが条件です。

● 試験科目と出題範囲

試験科目	出題範囲	試験時間
ボイラーの構造に関する知識	ボイラーの内部構造の用語、ボイラーの種類と特徴、送気系統の装置や給水系統の装置などの種類と名称など	3時間
ボイラーの取扱いに関する知識	点火前の点検方法、ボイラー運転時の取扱い、ボイラーの保全方法など	
燃料および燃焼に関する知識	燃料の種類と特徴、燃焼方式、燃焼時の通風など	
関係法令	ボイラー設置や変更の届出、ボイラーの検査、ボイラーの設置位置など	

┌ **問い合わせ先** ──────────────

公益財団法人　安全衛生技術試験協会
〒101-0065　東京都千代田区西神田3-8-1　千代田ファーストビル東館9階
TEL　03-5275-1088
協会ホームページ　https://www.exam.or.jp/

本書の使い方

//

本書は、過去に出題された2級ボイラー技士試験問題を分析し、特に重要な過去問題を厳選して分野ごとにまとめたオリジナルの問題集です。『一発合格！これならわかる 2級ボイラー技士試験テキスト＆問題集 第3版』と併せて学習することをおすすめします。

要点整理
特に重要項目は、要点整理ページでしっかり確認し、知識を整理しましょう。

重要度
出題頻度に対応して、重要度を★の数で表示しています。最重要は★★★です。

チェック欄
間違えた問題や心配な問題はチェックを入れて、繰り返し学習しましょう。

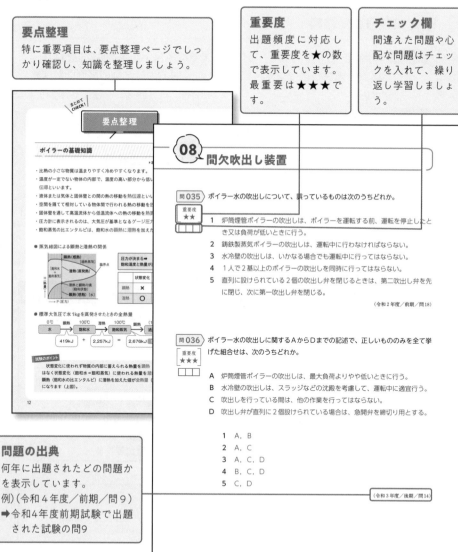

問題の出典
何年に出題されたどの問題かを表示しています。
例）（令和4年度／前期／問9）
➡令和4年度前期試験で出題された試験の問9

模擬試験

実際の試験に即した形式の問題になっています。学習の最後に実力を試してみましょう。解答はP306〜に掲載しています。

姉妹書へのリンク

『一発合格！これならわかる２級ボイラー技士試験テキスト＆問題集 第３版』の関連ページを示しています。

模擬試験問題
ボイラーの取扱いに関する知識

問001 ボイラーの水循環について、誤っているものは次のうちどれか。
1 ボイラー内で、温度が上昇した水および気泡を含んだ水は上昇し、その後に温度の低い水が下降して、水の循環流ができる。
2 丸ボイラーは、伝熱面の多くがボイラー水中に設けられ、水の対流が困難なので、水循環の系路を構成する必要がある。
3 水管ボイラーでは、特に水循環を良くするため、上昇管と降水管を設けているものが多い。
4 自然循環式水管ボイラーは、高圧になるほど蒸気と水との密度差が小さくなり、循環力が弱くなる。
5 水循環が良いと熱が水に十分に伝わり、伝熱面温度は水温に近い温度に保たれる。

問002 次の文中の □ 内に入れるＡおよびＢの語句の組合せとして、適切なものは1〜5のうちどれか。
「暖房用鋳鉄製蒸気ボイラーでは、一般に復水を循環して使用し、給水管はボイラーに直接接続しないで □ Ａ □ に取り付け、□ Ｂ □ を防止する。
　　　　Ａ　　　　　Ｂ

解説

問035 ▶ポイント　水冷壁と鋳鉄製ボイラーの吹出しは、運転中には行いません。
▶テキストP.147
正解 2

1 炉筒煙管ボイラーの吹出しは、ボイラーを運転する前、運転を停止したときまたは負荷が低いときに行います。　○
2 鋳鉄製蒸気ボイラーの吹出しは、運転中に行ってはいけません。　×
3 水冷壁の吹出しは、いかなる場合でも運転中に行ってはいけません。　○
4 1人で2基以上のボイラーの吹出しを同時に行ってはいけません。　○
5 直列に設けられている2個の吹出し弁を閉じるときは、第二吹出し弁を先に閉じ、次に第一吹出し弁を閉じます。　○

問036 ▶ポイント　間欠吹出しを行う時期は、ボイラー水の落ち着いている運転前や運転終了後、または運転中は負荷の低いときに行うようにします。
▶テキストP.147
正解 5

A 炉筒煙管ボイラーの吹出しは、たき始めか負荷の低いときに行います。　×
B 水冷壁と鋳鉄製ボイラーの吹出しは、運転中には行ってはいけません。　×
C 吹出しを行っている間は、他の作業を行ってはいけません。　○
D 吹出し弁が直列に2個設けられている場合は、急開弁を締切り用とします。急開弁が締切り用、漸開弁が調整用です。　○

Point
間欠吹出し装置の取扱い
間欠吹出し装置は、スケールやスラッジにより詰まることがあるので、1日に1回は必ず吹出しを行い、その機能を維持しなければなりません。間欠吹出しは、運転前や運転終了後、または運転中は負荷の軽いときに行います。

豊富なコラム

学習法
解説文のポイントとなる部分を掘り下げています。

用語
そのテーマで出てくる重要な用語などを詳しく説明しています。

Point
合格に向けた学習方法をアドバイスしています。

contents

" 重要過去問 "

第1章　ボイラーの構造に関する知識

第2章 ボイラーの取扱いに関する知識

第3章 燃料および燃焼に関する知識

第 **4** 章 関係法令

" 模擬試験 "

“重要過去問”

第 **1** 章

ボイラーの構造に関する知識

第1章では、ボイラーの構造に関する問題が出題されます。それぞれの名称やしくみ、特徴など、暗記するだけではなく、ポイントをしっかりと押さえておきましょう。

まとめて
CHECK!

要点整理

ボイラーの基礎知識

▶本文P.26～35　▶テキストP.26～33

・比熱の小さな物質は温まりやすく冷めやすくなります。

・温度が一定でない物体の内部で、温度の高い部分から低い部分へ熱が伝わる現象を**熱伝導**といいます。

・液体または気体と固体壁との間の熱の移動を**熱伝達**といいます。

・空間を隔てて相対している物体間で行われる熱の移動を**放射伝熱**といいます。

・固体壁を通して高温流体から低温流体への熱の移動を**熱貫流**といいます。

・圧力計に表示されるのは、大気圧が基準となる**ゲージ圧力**になります。

・飽和蒸気の比エンタルピは、飽和水の**顕熱**に**潜熱**を加えた値になります。

● 蒸気線図による顕熱と潜熱の関係

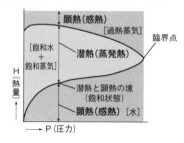

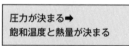

圧力が決まる➡
飽和温度と熱量が決まる

	状態変化	温度変化
顕熱	✕	◯
潜熱	◯	✕

● 標準大気圧で水1kgを蒸発させたときの全熱量

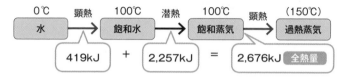

試験のポイント

　状態変化に使われず物質の内部に蓄えられる熱量を顕熱（感熱）といい、温度変化はなく状態変化（飽和水⇒飽和蒸気）に使われる熱量を潜熱（蒸発熱）といいます。顕熱（飽和水の比エンタルピ）に潜熱を加えた値が全熱量（飽和蒸気の比エンタルピ）になります（上図）。

12

ボイラーの容量および効率

▶本文P.34〜35　▶テキストP.34〜35

・換算蒸発量とは、実際に給水から所要蒸気を発生させるために要した熱量を、100℃の水を蒸発させて100℃の飽和蒸気とする場合の熱量（潜熱：2,257kJ/kg）で除したものです。

・ボイラー効率とは、供給された燃料が完全燃焼するとき発生する総熱量に対して、有効に水側に伝えられ蒸気を作り出すために使われた熱量（吸収熱量）の占める割合をいいます。

・ボイラー効率を算定するとき、燃料の発熱量は一般に低発熱量を用います。

● 換算蒸発量

$$G_e = \frac{G \times (h_2 - h_1)}{2,257} \ [\mathrm{kg/h}]$$

G_e：換算蒸発量　　　　　　　　G ：実際蒸発量 [kg/h]

h_1：給水の比エンタルピ [kJ/kg]　h_2 ：発生蒸気の比エンタルピ [kJ/kg]

2,257：潜熱 [kJ/kg]

※換算蒸発量とは、標準大気圧のもとで、100℃の飽和水から100℃の飽和蒸気にするとき、単位時間当たりに発生する蒸気量を理論的に換算したもの。

● ボイラー効率

$$\overset{\text{イータ}}{\eta} = \frac{G \times (h_2 - h_1)}{F \times Hi} \times 100 \ [\%]$$

η ：ボイラー効率　　　　　　　　G ：実際蒸発量 [kg/h]

h_1：給水の比エンタルピ [kJ/kg]　h_2 ：発生蒸気の比エンタルピ [kJ/kg]

F ：毎時燃料消費量 [kg/h]　　　　Hi：燃料低発熱量 [kJ/kg]

丸ボイラー

▶本文P.36〜39　▶テキストP.38〜41

・据付が簡単で、水管ボイラーに比べ取扱いも容易、安価です。

・水量が多いため負荷変動による圧力や水位の変動が少なくなりますが、破裂したときの被害は大きくなります。

・伝熱面の多くはボイラー水中に設けられているので、水の対流が容易であり、ボイラーの水循環系統を構成する必要がありません。

・水量が多いため、起蒸時間が長く、また、高圧や大容量には適しません。

● 炉筒煙管ボイラーの断面

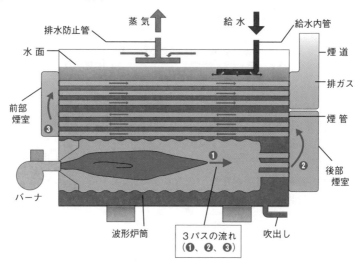

試験のポイント

炉筒煙管ボイラーは、内だき式のためパッケージ形式としたものが多いです。また、押込通風による加圧燃焼方式や燃焼通路が3パスの戻り燃焼方式を採用し、燃焼室熱負荷を高くして燃焼効率を高めたものがあります。

水管ボイラー（自然循環式、強制循環式）

▶本文P.40〜43　▶テキストP.42〜45

・高圧・大容量に適します。

・燃焼室を自由な大きさに作れるので、燃焼状態が良く、種々の燃料および燃料方式に適応できます。

・伝熱面積を大きくとれるので、熱効率が良いです。

・伝熱面積当たりの保有水量が少ないので、起動時間が短いです。

・負荷変動により圧力や水位の変動が大きくなります。

・水処理に注意を要します。特に高圧ボイラーでは厳密な水管理が必要です。

● 自然循環式水管ボイラーの水循環

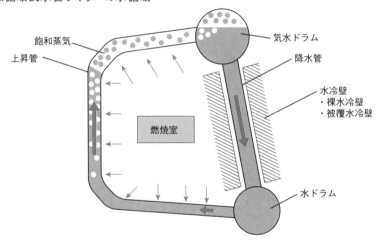

飽和蒸気　上昇管　気水ドラム　降水管　水冷壁・裸水冷壁・被覆水冷壁　燃焼室　水ドラム

試験のポイント

　　水管ボイラーは、水の流動方式によって自然循環式水管ボイラー、強制循環式水管ボイラー、貫流ボイラーの３種類に分類されます。自然循環式水管ボイラーは曲管式が主で、ドラムと多数の水管でボイラー水の循環経路を構成しています。強制循環式水管ボイラーは、自然の循環力が弱い場合に、循環ポンプの駆動力を利用してボイラー水の循環を行わせるものです。

水管ボイラー（貫流ボイラー）

▶本文P.40〜43　▶テキストP.46〜47

・高圧・大容量ボイラー（超臨界圧ボイラーなど）に適します。

・全体をコンパクトな構造にできるので、小型用から超高圧用まで広く用いられています。

・保有水量が著しく少ないので、起動時間が短くなります。

・負荷の変動によって圧力変動を生じやすいので、応答の速い自動制御装置を必要とします。

・十分な補給水処理が必要です。

● 貫流ボイラーの水循環

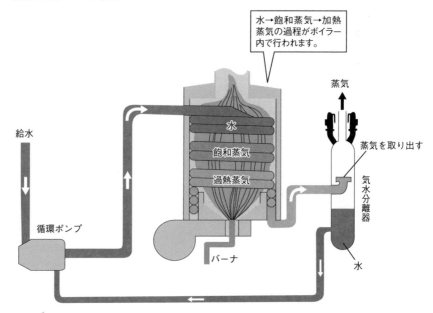

水→飽和蒸気→加熱蒸気の過程がボイラー内で行われます。

給水

循環ポンプ

バーナ

蒸気

蒸気を取り出す

気水分離器

水

試験のポイント

　貫流ボイラーは、長い管系だけで構成されます。給水ポンプによって管系の一端から押し込まれた水が、予熱、蒸発、過熱部を順次貫流して、他端から所要の蒸気が取り出せ、高圧・大容量（超臨界圧）ボイラーに最も適しています。また、ボイラー水が不足した場合に、自動的に燃料の供給を遮断する装置、またはこれに代わる安全装置を設けなければなりません。

鋳鉄製ボイラー

▶本文P.44～49　▶テキストP.48～49

・伝熱面積の割りに据付面積が小さいです。

・鋼製に比べ、腐食に強いです。

・熱の不同膨張によって割れを生じやすく、また、強度が弱く、高圧・大容量には不適です（蒸気ボイラー：圧力0.1MPa以下、温水ボイラー：圧力0.5MPa以下かつ温水温度120℃以下）。

・内部掃除や検査が困難です。

・重力式蒸気暖房返り管にはハートフォード式連結法が用いられ、低水位事故を防止します。

● 鋳鉄製ボイラーの構成（ウェットボトム形）

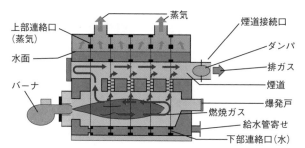

● ハートフォード式連結法

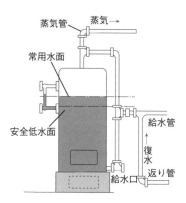

試験のポイント

　鋳鉄製ボイラーは、主として低圧暖房用として蒸気と温水ボイラーの両方で使用されています。セクションを現地で組み立てるため、地下室など狭い場所に設置が可能で、ビルなどの暖房用や給湯用の低圧ボイラーとして最適です。

圧力計

▶本文P.54〜57　▶テキストP.60〜61

・一般的にブルドン管式圧力計が使用され、断面は楕円（偏平）になります。
・ブルドン管に80℃以上の高温蒸気が入らないように、胴と圧力計の間にサイホン管を取り付け、中に水を入れておきます。
・コックの開閉が一目でわかるように、コックが管軸と同一方向で開くようにします。

● ブルドン管式圧力計の構造

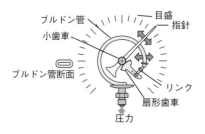

ブルドン管　　目盛
小歯車　　　　指針
ブルドン管断面
リンク
扇形歯車
圧力

● コックとサイホン管の位置

管軸
コック
サイホン管

水面測定装置

▶本文P.56〜59　▶テキストP.61〜63

・丸形ガラス水面計は最高使用圧力1MPa以下で使用し、最下部を安全低水面の位置になるように取り付けます。
・平形反射式水面計は、水部が黒色、蒸気部が白色に見えます。
・二色水面計は、水部が青（緑）色、蒸気部が赤色に見えます。
・平形透視式水面計は、裏側から電灯で照らして水面を表示するもので、一般に高圧用ボイラーに使用されます。
・マルチポート水面計は、金属製の箱に円い窓を配列し、円形透視式ガラスをはめ込んだものです。水部が青（緑）色、蒸気部が赤色に見えます。主に超高圧用ボイラーに使用されます。

● 平形反射式水面計

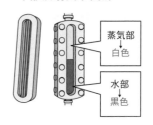

蒸気部
白色
水部
黒色

● 二色水面計

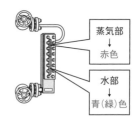

蒸気部
↓
赤色
水部
↓
青（緑）色

安全装置

▶本文P.54〜59　▶テキストP.64〜68

安全弁

・安全弁は、ボイラー内部の圧力が一定限度以上に上昇するのを機械的に阻止し、内部圧力の異常上昇による破裂を未然に防止するものです。

・蒸気圧力が最高使用圧力に達すると自動的に安全弁が開いて蒸気を吹き出し、圧力上昇を防ぎます。

・安全弁には、おもり式、てこ式、ばね式などがありますが、現在はばね式が主に用いられています。

・ばね式安全弁は、蒸気流量を制限する構造（リフトの形式）によって、揚程式と全量式があります。

・揚程式は、弁が開いたときの吹出し面積の中で弁座流路面積が最小となる安全弁です。

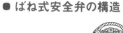

● ばね式安全弁の構造

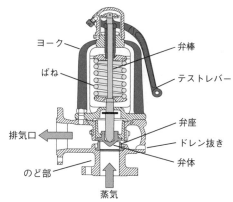

ヨーク　弁棒　ばね　テストレバー　排気口　弁座　ドレン抜き　のど部　弁体　蒸気

・全量式は、弁座流路面積が下方にあるのど部の面積より大きくなるようなリフトが得られる安全弁です。

水位検出器その他

・フロート式水位検出器は、フロートチャンバ内のフロートがボイラー水位の上昇・下降に伴って上下し、連動したリンク機構が動く構造になっています。

・電極式水位検出器は、長さの違う電極を検出筒に挿入し、電極に流れる電流の有無によって水位を検出する構造になっています。

・熱膨張管式水位調整装置は、金属管の温度の変化による伸縮を利用した構造になっています。

・低水位燃料遮断装置は、水位が安全低水面以下になった場合、自動的にバーナの燃焼を停止させ、警報表示を出すものです。

・高・低水位警報装置は、水位が異常に上昇したり低下したりした場合に、警報表示を出すものです。

送気系統装置

▶本文P.60〜63　▶テキストP.69〜72

・主蒸気弁は、送気の開始または停止を行うため、ボイラーの蒸気取出し口、または過熱器の蒸気出口に取り付ける弁で、主に、アングル弁、玉形弁、仕切弁が使われます。

・沸水防止管は、蒸気取出し口に、蒸気と水滴を分離するために取り付けられます。大型のパイプの上面だけに穴を多数あけ、上部から蒸気を取り入れ、水滴は下部にあけた穴から流すようにしたものです。

・蒸気トラップは、蒸気使用設備の中にたまったドレンを自動的に排出する装置です。バケット式、フロート式、ディスク式、バイメタル式などがあります。

・減圧装置は、発生蒸気の圧力と使用側での蒸気圧力の差が大きいとき、または使用側の蒸気圧力を一定に保ちたいときに用いられる装置です。

● 沸水防止管の構造

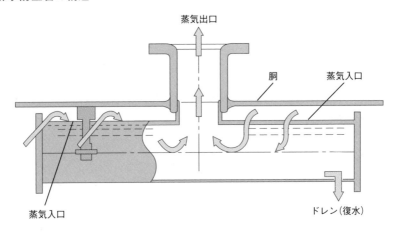

蒸気出口

胴

蒸気入口

蒸気入口

ドレン（復水）

給水系統装置

▶本文P.64〜67　▶テキストP.73〜78

・ディフューザポンプ（タービンポンプ）は、羽根車の外周に案内羽根をもつポンプで、多段式ポンプとして高圧のボイラーに用いられます。

・渦巻ポンプは、羽根車の外周に案内羽根のないポンプです。一般的に、低圧用ボイラーに使用されます。

・円周流ポンプは、渦流ポンプとも呼ばれているもので、小さい駆動動力で高い揚程が得られます。小容量の蒸気ボイラーなどに用いられます。

・ボイラーまたはエコノマイザの入口には、給水弁と給水逆止め弁を備え付け、給水弁をボイラーに近い側に取り付けます。

・給水内管は、一般に長い鋼管に多数の穴を設けたものが用いられ、安全低水面よりやや下に取り付け、また、取り外しができる構造にします。

・差圧式流量計は、管の中のベンチュリ管またはオリフィスなどの絞り機構により、入口と出口との間に圧力差を生じさせ、この差圧が流量の2乗の差に比例することを利用して流量を測ります。

・容積式流量計とは、楕円形のケーシングの中の2個の楕円形歯車とケーシング壁との間にある空間部分の量が回転数に比例するため、回転数の測定で流量を測ります。

・面積式流量計は、テーパ管内のフロートが流量の変化により上下に移動し、テーパ管とフロート間の環状面積が流量に比例することを利用しています。

● 給水内管の取付位置

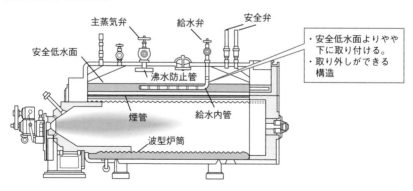

21

吹出し（ブロー）、温水ボイラーの附属品

▶本文P.68〜71 ▶テキストP.79〜82

・吹出し（ブロー）装置は、ボイラー水の濃度を下げ、かつボイラー内の沈殿物を排出するための装置をいい、間欠吹出しと連続吹出しがあります。

・間欠吹出し装置は、胴底部に設けられた急開弁（元栓用）と漸開弁（調節用）により、間欠的にボイラー水の吹き出しを行うもので、吹出し弁は、玉形弁を避け、仕切弁またはY形弁が用いられます。

・連続吹出し装置は、水面近くに取り付けた吹出し管によってボイラー水の不純物の濃度を一定に保つように、少量ずつ連続的に吹き出す装置です。

・水高計は、温水ボイラーの圧力を測る計器で、蒸気ボイラーの圧力計に相当するものです。一般的には温度計と組み合わせた温度水高計が用いられます。

● 温水ボイラーの水逃がし装置（逃がし管の例）

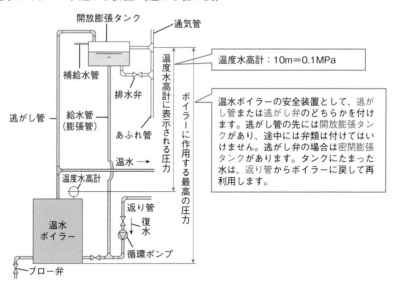

温度水高計：10m＝0.1MPa

温水ボイラーの安全装置として、逃がし管または逃がし弁のどちらかを付けます。逃がし管の先には開放膨張タンクがあり、途中には弁類は付けてはいけません。逃がし弁の場合は密閉膨張タンクがあります。タンクにたまった水は、返り管からボイラーに戻して再利用します。

附属設備、スートブロワ、通風装置

▶本文P.72〜77　▶テキストP.83〜88

- 過熱器（スーパーヒーター）は、ボイラー本体で発生する飽和蒸気の水分を蒸発させ、さらに加熱して過熱蒸気を作るための装置です。
- エコノマイザは、給水を予熱するもので、鋳鉄管形と鋼管形があります。
- 空気予熱器は、燃焼用空気を予熱するもので、熱交換式や再生式、ヒートパイプ式などがあります。
- 過熱器、エコノマイザ、空気予熱器は、排ガスの予熱を利用する場合があります。その場合は、排ガス温度が低下するため、通風抵抗が増加します。
- スートブロワ（すす吹き装置）は、伝熱面の外側に付着したダストやすすなどを吹き払う（スートブロー）装置で、外面清掃になります。燃焼量は下げずに、また、1箇所に長く吹き付けないようにします。
- 通風は、空気や燃焼ガスの流れをいいます。装置には、押込通風、誘引通風、平衡通風があります。

● 自然通風・押込通風・誘引通風・平衡通風のしくみ

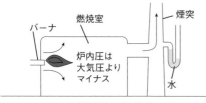

＜自然通風のしくみ＞

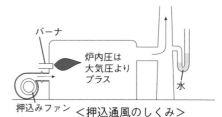

＜押込通風のしくみ＞

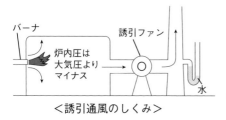

＜誘引通風のしくみ＞

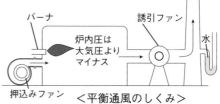

＜平衡通風のしくみ＞

23

自動制御の基礎

▶本文P.78〜85　▶テキストP.91〜98

・フィードバック制御には、オン・オフ動作、ハイ・ロー・オフ動作、比例動作（P動作）、積分動作（I動作）、微分動作（D動作）があります。
・比例動作は、偏差の大きさに比例して操作量を増減します。
・積分動作は、制御偏差量（オフセット）に比例した速度で操作量が増減し、オフセットがなくなるように働きます。
・微分動作は、偏差が変化する速度に比例して操作量を増減します。
・シーケンス制御はあらかじめ定められた順序に従って制御します。
・電磁継電器のブレーク接点（b接点）は、コイルに電流が流れると開となり、電流が流れないと閉となります。

● 制御量と操作量

制御量	操作量
ボイラー水位（ドラム水位）	給水量
蒸気圧力	燃料量および空気量
蒸気温度	過熱低減器の注水量または伝熱量
温水温度	燃料量および空気量
炉内圧力	排出ガス量
空燃比	燃料量および空気量

試験のポイント

　　　出入りするエネルギーの平衡が保たれるように制御すれば、ボイラーは安定した運転を継続します。制御対象の蒸気圧力やボイラー水位などを一定範囲内の値に抑えるべき量を制御量といい、そのために操作する量を操作量といいます。

各部の制御

▶本文P.80〜83　▶テキストP.99〜107

・水位制御には、単要素式（水位）、二要素式（水位＋蒸気流量）、三要素式（水位＋蒸気流量＋給水流量）があります。

・オン・オフ式蒸気圧力調節器は手前にサイホン管を取り付けます。また、必ず動作すき間の設定が必要となります。

・オン・オフ式温度調節器の感温体は、保護管を用いて取り付ける場合は、保護管内にシリコングリースを挿入して使用します。

・火炎検出器とは、火炎の有無または強弱を検出し、これを電気信号に変換するもので、フレームアイやフレームロッドを使用します。

・フレームアイには、硫化カドミウムセル、硫化鉛セル、整流式光電管、紫外線光電管などがあります。

・フレームロッドは、火炎の導電作用を利用して炎の有無を判断します。

● 圧力制限器の原理

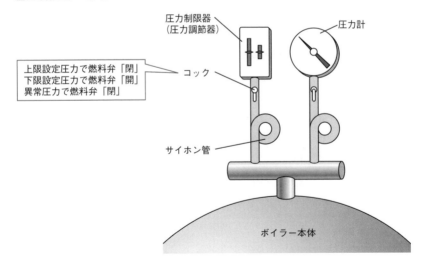

圧力制限器
（圧力調節器）

圧力計

上限設定圧力で燃料弁「閉」
下限設定圧力で燃料弁「開」
異常圧力で燃料弁「閉」

コック

サイホン管

ボイラー本体

試験のポイント

　　圧力制限器は、圧力が異常に上昇または異常に低下した場合などに、直ちに燃料の供給を遮断して安全を確保するための装置です。一般に、オン・オフ式圧力調節器を使用します。

ボイラーの基礎知識

> 問 001

伝熱について、誤っているものは次のうちどれか。

重要度 ★★★

1 温度の高い部分から低い部分に熱が移動する現象を伝熱という。
2 伝熱作用は、熱伝導、熱伝達及び放射伝熱の三つに分けることができる。
3 温度が一定でない物体の内部で、温度の高い部分から低い部分へ、順次、熱が伝わる現象を熱伝達という。
4 空間を隔てて相対している物体間に伝わる熱の移動を放射伝熱という。
5 高温流体から固体壁を通して、低温流体へ熱が移動する現象を熱貫流又は熱通過という。

（令和3年度／前期／問1）

> 問 002

伝熱について、誤っているものは次のうちどれか。

重要度 ★★★

1 伝熱作用は、熱伝導、熱伝達及び放射伝熱の三つに分けることができる。
2 液体又は気体が固体壁に接触して、固体壁との間で熱が移動する現象を熱伝達という。
3 温度が一定でない物体の内部で、温度の高い部分から低い部分へ、順次、熱が伝わる現象を熱伝導という。
4 空間を隔てて相対している物体間に伝わる熱の移動を放射伝熱という。
5 熱貫流は、一般に熱伝達、熱伝導及び放射伝熱が総合されたものである。

（令和元年度／後期／問2）

問 001 ▶ポイント 熱の伝わり方で、同一物体内が熱伝導、流体と固体が熱伝達、両物体間に空間があるのが放射伝熱になります。

正解 **3**

▶テキストP.028

1 温度の高い部分から低い部分に熱が移動する現象を**伝熱**といいます。 ○

2 伝熱作用には**熱伝導、熱伝達、放射伝熱**の3種類あります。 ○

3 **熱伝導**とは、温度が一定でない物体の内部で、温度の高い部分から低い部分へ、順次、熱が伝わる現象をいいます。 ×

4 **放射伝熱**とは、空間を隔てて相対している物体間に伝わる熱の移動をいいます。 ○

5 高温流体から固体壁を通して、低温流体へ熱が移動する現象を**熱貫流**または熱通過といいます。 ○

問 002 ▶ポイント 熱貫流は、高温流体から固体（熱伝達）、固体内（熱伝導）、固体から低温流体（熱伝達）へ熱が総合的に伝わる現象です。

正解 **5**

▶テキストP.029

1 伝熱作用は、**熱伝導、熱伝達**および**放射伝熱**の三つに分けることができます。 ○

2 液体または気体が固体壁に接触して、固体壁との間で熱が移動する現象を**熱伝達**といいます。 ○

3 温度が一定でない物体の内部で、温度の高い部分から低い部分へ、順次、熱が伝わる現象を**熱伝導**といいます。 ○

4 空間を隔てて相対している物体間に伝わる熱の移動を**放射伝熱**といいます。 ○

5 **熱伝導**と**熱伝達**が総合されたものを熱貫流といいます。 ×

問 003

重要度
★★★

次の文中の ［　　　］内に入れるA及びBの語句の組合せとして、正しいもの
は1〜5のうちどれか。

「温度が一定でない物体の内部で温度の高い部分から低い部分へ、順次、熱が
伝わる現象を ［　A　］といい、高温流体から固体壁を通して、低温流体へ熱
が移動する現象を ［　B　］という。」

	A	B
1	熱貫流	熱伝達
2	熱貫流	熱伝導
3	熱伝達	熱伝導
4	熱伝導	熱貫流
5	熱伝導	熱伝達

（令和2年度／前期／問1）

問 004　温度及び圧力について、誤っているものは次のうちどれか。

重要度
★★

1 セルシウス（摂氏）温度は、標準大気圧の下で、水の氷点を0℃、沸点を
100℃と定め、この間を100等分したものを1℃としたものである。

2 セルシウス（摂氏）温度t[℃]と絶対温度T[K]との間には$t = T +$
273.15の関係がある。

3 760mmの高さの水銀柱がその底面に及ぼす圧力を標準大気圧といい、
1013hPaに相当する。

4 圧力計に表れる圧力をゲージ圧力といい、その値に大気圧を加えたものを
絶対圧力という。

5 蒸気の重要な諸性質を表示した蒸気表中の圧力は、絶対圧力で示される。

（令和元年度／後期／問1）

問 003 **ポイント** 伝熱作用の3種類と熱貫流は押さえておきましょう。

正解 **4**

▶テキストP.028、P.029

「温度が一定でない物体の内部で温度の高い部分から低い部分へ、順次、熱が伝わる現象を**熱伝導**といい、高温流体から固体壁を通して、低温流体へ熱が移動する現象を**熱貫流**という。」

問 004 **ポイント** 温度および圧力の基準を押さえておきましょう。

正解 **2**

▶テキストP.026〜P.031

1 **セルシウス（摂氏）温度**は、標準大気圧の下で、水の氷点を0℃、沸点を100℃と定め、この間を100等分したものを1℃としたものです。　◯

2 セルシウス（摂氏）温度 t［℃］と絶対温度 T［K］との間には $T = t + 273.15$ の関係があります。　✕

3 760mmの高さの水銀柱がその底面に及ぼす圧力を**標準大気圧**といい、1013hPaに相当します。　◯

4 圧力計に表れる圧力を**ゲージ圧力**といい、その値に大気圧を加えたものを**絶対圧力**といいます。　◯

5 蒸気の重要な諸性質を表示した蒸気表中の圧力は、**絶対圧力**で示されます。　◯

熱及び蒸気について、誤っているものは次のうちどれか。

重要度
★★

1 水の温度は、沸騰を開始してから全部の水が蒸気になるまで一定である。
2 乾き飽和蒸気は、乾き度が1の飽和蒸気である。
3 飽和蒸気の比エンタルピは、飽和水の比エンタルピに蒸発熱を加えた値である。
4 飽和蒸気の比体積は、圧力が高くなるほど大きくなる。
5 過熱蒸気の温度と、同じ圧力の飽和蒸気の温度との差を過熱度という。

（平成30年度／後期／問1）

次の文中の _____ 内に入れるAの数値及びBの語句の組合せとして、正しいものは1～5のうちどれか。

重要度
★★

「標準大気圧の下で、質量1kgの水の温度を1K（1℃）だけ高めるために必要な熱量は約 ___A___ kJであるから、水の ___B___ は約 ___A___ kJ／（kg・K）である。」

	A	B
1	2257	潜熱
2	420	比熱
3	420	潜熱
4	4.2	比熱
5	4.2	顕熱

（令和2年度／後期／問1）

問 005 ▶ポイント 比体積とは単位質量の物質が占める体積のことです。

正解 **4**

▶テキストP.032、033

1 水の温度は、沸騰を開始してから全部の水が蒸気になるまで一定です。 ○

2 乾き飽和蒸気は、乾き度が1の飽和蒸気です。 ○

3 飽和蒸気の比エンタルピは、飽和水の比エンタルピに蒸発熱を加えた値です。 ○

4 飽和蒸気の比体積は、圧力が高くなると圧縮されて体積は小さくなります。 ✕

5 過熱蒸気の温度と、同じ圧力の飽和蒸気の温度との差を過熱度といいます。 ○

問 006 ▶ポイント 温まりやすさ、冷めやすさを表すのが比熱です。比熱が小さい方が温まりやすく冷めやすくなります。

正解 **4**

▶テキストP.027

「標準大気圧の下で、質量1kgの水の温度を1K（1℃）だけ高めるために必要な熱量は約4.2kJであるから、水の比熱は約4.2kJ/（kg・K）である。」

Point

いろいろな物質の比熱

物質	水	蒸気	空気	コンクリート	鋼鉄	銅
比熱kJ/（kg・K）	4.187	1.9	1.0	0.84	0.78	0.39

重要度
★★★

次の文中の _____ 内に入れるA及びBの語句の組合せとして、正しいものは1〜5のうちどれか。

「飽和水の比エンタルピは飽和水1kgの ___A___ であり、飽和蒸気の比エンタルピはその飽和水の ___A___ に ___B___ を加えた値で、単位はkJ/kgである。」

	A	B
1	潜熱	顕熱
2	潜熱	蒸発熱
3	顕熱	蒸発熱
4	蒸発熱	潜熱
5	蒸発熱	顕熱

（令和3年度／後期／問1）

熱及び蒸気について、誤っているものは次のうちどれか。

重要度
★★

1 水、蒸気などの1kg当たりの全熱量を比エンタルピという。
2 水の温度は、沸騰を開始してから全部の水が蒸気になるまで一定である。
3 飽和水の比エンタルピは、圧力が高くなるほど大きくなる。
4 飽和蒸気の比体積は、圧力が高くなるほど大きくなる。
5 飽和水の潜熱は、圧力が高くなるほど小さくなり、臨界圧力に達するとゼロになる。

（令和4年度／前期／問1）

問 007 **ポイント** 比エンタルピはほぼ熱量に等しくなります。比エンタルピ（熱量）は飽和水⇒顕熱、飽和蒸気⇒顕熱（感熱）＋潜熱（蒸発熱）になります。

正解 3

▶テキストP.035

「飽和水の比エンタルピは飽和水1kgの顕熱であり、飽和蒸気の比エンタルピはその飽和水の顕熱に**蒸発熱**を加えた値で、単位はkJ/kgである。」

問 008 **ポイント** 圧力が高くなると、飽和水の比エンタルピ（顕熱）は大きくなり、潜熱は小さくなって臨界圧力でゼロになります。

正解 4

▶テキストP.033

1　水、蒸気などの1kg当たりの全熱量を**比エンタルピ**といいます。　　　○

2　水の温度は、沸騰を開始してから全部の水が蒸気になるまで一定です。　　○

3　飽和水の比エンタルピは、圧力が高くなるほど**大きく**なります。　　　　○

4　飽和蒸気の比体積は、圧力が高くなるほど**小さく**なります。　　　　　　×

5　飽和水の潜熱は、圧力が高くなるほど**小さく**なり、臨界圧力に達するとゼロになります。　　　　　　　　　　　　　　　　　　　　　　　　　　　　　○

問009 ボイラーに使用される次の管類のうち、伝熱管に分類されないものはどれか。

重要度
★

1 煙管

2 水管

3 主蒸気管

4 エコノマイザ管

5 過熱管

（令和2年度／後期／問4）

問010 ボイラーの容量及び効率に関するAからDまでの記述で、誤っているもののみを全て挙げた組合せは、次のうちどれか。

重要度
★★

A 蒸気の発生に要する熱量は、蒸気圧力及び蒸気温度にかかわらず一定である。

B 換算蒸発量は、実際に給水から所要蒸気を発生させるために要した熱量を、2257kJ/kgで除したものである。

C ボイラー効率は、実際蒸発量を全供給熱量で除したものである。

D ボイラー効率を算定するとき、燃料の発熱量は、一般に低発熱量を用いる。

1 A，B，D

2 A，C

3 A，D

4 B，C，D

5 B，D

（令和4年度／前期／問9）

問 009 ポイント 伝熱管とは、一面が火気や燃焼ガスに、他面が水や触媒など に接する管のことです。

正解 **3**

▶テキストP.029、P.248、P.249

1 煙管は、伝熱管に分類されます。　　　　　　　　　　　　　✕

2 水管は、伝熱管に分類されます。　　　　　　　　　　　　　✕

3 主蒸気管は燃焼ガスに触れないため、伝熱管には含まれません。　○

4 エコノマイザ管は、伝熱管に分類されます。　　　　　　　　✕

5 過熱管は、伝熱管に分類されます。　　　　　　　　　　　　✕

問 010 ポイント ボイラー効率は、燃料が完全燃焼して発生する総熱量（全供 給熱量）に対して、蒸気を作り出すために使われた熱量（吸 収熱量）の占める割合です。

正解 **2**

▶テキストP.034、P.035

A 蒸気の発生に要する熱量は、蒸気圧力および蒸気温度によって違います。　✕

B 換算蒸発量は、実際に給水から所要蒸気を発生させるために要した熱量 を、2257kJ/kgで除したものです。　　　　　　　　　　　　　○

C ボイラー効率は、全供給熱量に対する吸収熱量の割合（発生蒸気の吸収 熱量を全供給熱量で除したもの）です。　　　　　　　　　　　✕

D ボイラー効率を算定するとき、燃料の発熱量は、一般に低発熱量を用い ます。　　　　　　　　　　　　　　　　　　　　　　　　　○

Point

伝熱管の伝熱面積に算入しないもの

伝熱管の中でも、伝熱面積に算入しないものは、過熱器、エコノマイザ、空気予熱 器、ドラムがあります。

第1章 ボイラーの構造に関する知識

第2章 ボイラーの取扱いに関する知識

第3章 燃料および燃焼に関する知識

第4章 関係法令

02 丸ボイラー

問011 炉筒煙管ボイラーについて、誤っているものは次のうちどれか。

重要度
★★★

1 加圧燃焼方式を採用し、燃焼室熱負荷を高くして燃焼効率を高めたものがある。

2 水管ボイラーに比べ、蒸気使用量の変動による圧力変動が小さい。

3 外だき式ボイラーで、一般に、径の大きい波形炉筒と煙管群を組み合わせてできている。

4 戻り燃焼方式を採用し、燃焼効率を高めたものがある。

5 煙管には、伝熱効果の高いスパイラル管を使用しているものが多い。

問012 炉筒煙管ボイラーについて、誤っているものは次のうちどれか。

重要度
★★★

1 水管ボイラーに比べ、一般に製作及び取扱いが容易である。

2 水管ボイラーに比べ、蒸気使用量の変動による圧力変動が大きいが、水位変動は小さい。

3 加圧燃焼方式を採用し、燃焼室熱負荷を高くして燃焼効率を高めたものがある。

4 戻り燃焼方式を採用し、燃焼効率を高めたものがある。

5 煙管には、伝熱効果の高いスパイラル管を使用しているものが多い。

（令和元年度／後期／問3）

問011 ▶**ポイント** 炉筒煙管ボイラーは、内だき式で3パス（戻り燃焼方式）およびパッケージ形式としたものが多く、加圧燃焼方式です。

正解 **3**

▶テキストP.040

1 加圧燃焼方式を採用し、燃焼室熱負荷を高くして燃焼効率を高めたものがあります。 ○

2 水管ボイラーに比べ、蒸気使用量の変動による圧力変動が小さいです。 ○

3 内だき式ボイラーで、一般に、径の大きい波形炉筒と煙管群を組み合わせてできています。 ×

4 戻り燃焼方式を採用し、燃焼効率を高めたものがあります。 ○

5 煙管には、伝熱効果の高いスパイラル管を使用しているものが多いです。 ○

問012 ▶**ポイント** スパイラル管はらせん状の溝を設けた管で、強度が増し、伝熱効果が大きくなるため、煙管に多く使われています。

正解 **2**

▶テキストP.040

1 水管ボイラーに比べ、一般に製作および取扱いが容易です。 ○

2 水管ボイラーに比べ、保有水量が多いため圧力変動や水位変動が小さくなります。 ×

3 加圧燃焼方式を採用し、燃焼室熱負荷を高くして燃焼効率を高めたものがあります。 ○

4 戻り燃焼方式を採用し、燃焼効率を高めたものがあります。 ○

5 煙管には、伝熱効果の高いスパイラル管を使用しているものが多いです。 ○

問013 水管ボイラーと比較した丸ボイラーの特徴として、誤っているものは次のうちどれか。

重要度
★★★

1 蒸気使用量の変動による水位変動が小さい。

2 高圧のもの及び大容量のものには適さない。

3 構造が簡単で、設備費が安く、取扱いが容易である。

4 伝熱面積当たりの保有水量が少なく、破裂の際の被害が小さい。

5 起動から所要蒸気発生までの時間が長い。

（令和3年度／前期／問2）

問014 水管ボイラー（貫流ボイラーを除く。）と比較した丸ボイラーの特徴として、誤っているものは次のうちどれか。

重要度
★★★

1 蒸気使用量の変動による圧力変動が小さい。

2 高圧のもの及び大容量のものに適さない。

3 構造が簡単で、設備費が安く、取扱いが容易である。

4 伝熱面積当たりの保有水量が少なく、破裂の際の被害が小さい。

5 伝熱面の多くは、ボイラー水中に設けられているので、水の対流が容易であり、ボイラーの水循環系統を構成する必要がない。

（令和4年度／前期／問2）

問013 **ポイント** 炉筒煙管ボイラーは、保有水量が多いため、水位変動が小さいが破裂の際の被害は大きくなります。 ▶テキストP.039

正解 **4**

1 蒸気使用量の変動による水位変動が**小さく**なります。 ○

2 高圧のものおよび大容量のものには**適しません**。 ○

3 構造が簡単で、設備費が**安く**、取扱いが**容易**です。 ○

4 伝熱面積当たりの保有水量が**多く**、破裂の際の被害が**大きく**なります。 ✕

5 起動から所要蒸気発生までの時間が**長く**なります。 ○

問014 **ポイント** 丸ボイラーは、保有水量が多く、負荷変動による圧力、水位の変動が少なくなります。また、水循環系統を構成する必要がありません。主に、中容量・低圧用として使われます。 ▶テキストP.040

正解 **4**

1 蒸気使用量の変動による圧力変動が**小さく**なります。 ○

2 高圧のものおよび大容量のものに**適しません**。 ○

3 構造が簡単で、設備費が**安く**、取扱いが**容易**です。 ○

4 伝熱面積当たりの保有水量が**多く**、破裂の際の被害が**大きく**なります。 ✕

5 炉筒煙管ボイラーは、炉筒や煙管などの伝熱面のほとんどがボイラー水中にあるため、水に対流が**起こりやすく**水循環が**よい**ため、水循環系統を構成する必要がありません。 ○

問 015　水管ボイラーについて、誤っているものは次のうちどれか。

重要度 ★★★

1　自然循環式水管ボイラーは、高圧になるほど蒸気と水との密度差が大きくなり、ボイラー水の循環力が強くなる。

2　強制循環式水管ボイラーは、ボイラー水の循環系路中に設けたポンプによって、強制的にボイラー水の循環を行わせる。

3　二胴形水管ボイラーは、炉壁内面に水管を配した水冷壁と、上下ドラムを連絡する水管群を組み合わせた形式のものが一般的である。

4　高圧大容量の水管ボイラーには、炉壁全面が水冷壁で、蒸発部の対流伝熱面が少ない放射形ボイラーが多く用いられる。

5　水管ボイラーは、給水及びボイラー水の処理に注意を要し、特に高圧ボイラーでは厳密な水管理を行う必要がある。

（令和2年度／前期／問2）

問 016　丸ボイラーと比較した水管ボイラーの特徴として、誤っているものは次のうちどれか。

重要度 ★★★

1　ボイラー水の循環系路を確保するため、一般に、蒸気ドラム、水ドラム及び多数の水管で構成されている。

2　水管内で発生させた蒸気は、水管内部では停滞することはない。

3　燃焼室を自由な大きさに作ることができ、また、種々の燃料及び燃焼方式に適応できる。

4　使用蒸気量の変動による圧力変動及び水位変動が大きい。

5　給水及びボイラー水の処理に注意を要し、特に高圧ボイラーでは厳密な水管理を行う必要がある。

（令和元年度／前期／問3）

問015 **ポイント** 水管ボイラーは、ボイラー水の対流を利用した自然循環式と循環ポンプを利用した強制循環式、長い管系だけで構成された貫流式があります。 ▶テキストP.045

正解 1

1 自然循環式水管ボイラーは、高圧になるほど蒸気と水との密度差が小さくなり、ボイラー水の循環力が弱くなります。 ✕

2 強制循環式水管ボイラーは、ボイラー水の循環系路中に設けたポンプによって、強制的にボイラー水の循環を行わせます。 ◯

3 二胴形水管ボイラーは、炉壁内面に水管を配した水冷壁と、上下ドラムを連絡する水管群を組み合わせた形式のものが一般的です。 ◯

4 高圧大容量の水管ボイラーには、炉壁全面が水冷壁で、蒸発部の対流伝熱面が少ない放射形ボイラーが多く用いられます。 ◯

5 水管ボイラーは、給水およびボイラー水の処理に注意を要し、特に高圧ボイラーでは厳密な水管理を行う必要があります。 ◯

問016 **ポイント** 自然循環式では、高圧になったり、高さが確保できないと蒸気と水との密度差（比重差）が小さくなり循環力が弱くなり停滞します。 ▶テキストP.045

正解 2

1 ボイラー水の循環系路を確保するため、一般に、蒸気ドラム、水ドラムおよび多数の水管で構成されています。 ◯

2 水管内で発生させた蒸気は、水管内部では比重差が小さいと停滞します。 ✕

3 燃焼室を自由な大きさに作ることができ、また、種々の燃料および燃焼方式に適応できます。 ◯

4 使用蒸気量の変動による圧力変動および水位変動が大きくなります。 ◯

5 給水およびボイラー水の処理に注意を要し、特に高圧ボイラーでは厳密な水管理を行う必要があります。 ◯

問017 ボイラーの水循環について、誤っているものは次のうちどれか。

重要度
★★

1　ボイラー内で、温度が上昇した水及び気泡を含んだ水は上昇し、その後に温度の低い水が下降して水の循環流ができる。

2　丸ボイラーは、伝熱面の多くがボイラー水中に設けられ、水の対流が容易なので、水循環の系路を構成する必要がない。

3　水管ボイラーは、水循環を良くするため、水と気泡の混合体が上昇する管と、水が下降する管を区別して設けているものが多い。

4　自然循環式水管ボイラーは、高圧になるほど蒸気と水との密度差が小さくなり、循環力が弱くなる。

5　水循環が良すぎると、熱が水に十分に伝わるので、伝熱面温度は水温より著しく高い温度となる。

（令和3年度／後期／問3）

問018 超臨界圧力ボイラーに一般的に採用される構造のボイラーは次のうちどれか。

重要度
★★

1　貫流ボイラー

2　熱媒ボイラー

3　二胴形水管ボイラー

4　強制循環式水管ボイラー

5　流動層燃焼ボイラー

（令和4年度／前期／問3）

問017 **ポイント** 自然循環式では、水循環が良すぎると、熱が水に十分に伝わるので、伝熱面温度は水温に近い温度となります。

▶テキストP.042

正解 5

1 ボイラー内で、温度が上昇した水および気泡を含んだ水は**上昇**し、その後に温度の低い水が**下降**して水の循環流ができます。 ○

2 丸ボイラーは、伝熱面の多くがボイラー水中に設けられ、水の対流が**容易**なので、水循環の系路を構成する必要がありません。 ○

3 水管ボイラーは、水循環を良くするため、水と気泡の混合体が**上昇**する管と、水が**下降**する管を区別して設けているものが多いです。 ○

4 自然循環式水管ボイラーは、高圧になるほど蒸気と水との密度差が**小さ**くなり、循環力が弱くなります。 ○

5 水循環が良すぎると、熱が水に十分に伝わるので、伝熱面温度は**水温に近い温度**となります。 ×

問018 **ポイント** 超臨界圧ボイラーとは、貫流ボイラーのことです。

▶テキストP.046

正解 1

貫流ボイラーは、保有水量が少なく伝熱面積も大きいため起蒸時間が短く、さらに管径が細いために強度が増し高圧大容量（超臨界圧）ボイラーに適します。

用語

超臨界圧ボイラー
臨界点以上において運転するボイラー。臨界点を超えると水と気泡が混在しなくなり、一瞬にして蒸気に変わるため、熱伝達率が格段に上がる。

04 鋳鉄製ボイラー

問019 鋳鉄製蒸気ボイラーについて、誤っているものは次のうちどれか。

重要度
★★★

1 各セクションは、蒸気部連絡口及び水部連絡口の穴の部分にニップルをはめて結合し、外部のボルトで締め付けて組み立てられている。

2 蒸気暖房返り管の取付けには、ハートフォード式連結法が用いられている。

3 暖房用ボイラーでは、給水管は、ボイラー本体の安全低水面の位置に直接取り付ける。

4 鋼製ボイラーに比べ、強度は弱いが腐食には強い。

5 加圧燃焼方式を採用して、ボイラー効率を高めたものがある。

（平成30年度／後期／問9）

問020 鋳鉄製蒸気ボイラーについて、誤っているものは次のうちどれか。

重要度
★★★

1 各セクションは、蒸気部連絡口及び水部連絡口の穴の部分にニップルをはめて結合し、セクション締付ボルトで締め付けて組み立てられている。

2 鋳鉄製のため、鋼製ボイラーに比べ、強度が強く、腐食にも強い。

3 加圧燃焼方式を採用して、ボイラー効率を高めたものがある。

4 セクションの数は20程度までで、伝熱面積は50m²程度までが一般的である。

5 多数のスタッドを取り付けたセクションによって、伝熱面積を増加させることができる。

（令和2年度／前期／問4）

問 019 ▶**ポイント** 鋳鉄製ボイラーは、復水の循環使用が原則であり、給水管は
返り管に取り付けて混合された温度の高い給水を行います。

正解
3

▶テキストP.049

1　各セクションは、蒸気部連絡口および水部連絡口の穴の部分にニップル
をはめて結合し、外部のボルトで締め付けて組み立てられています。　○

2　蒸気暖房返り管の取付けには、ハートフォード式連結法が用いられてい
ます。　○

3　暖房用ボイラーでは、返り管は、ボイラー本体の安全低水面の位置に直
接取り付けます。　×

4　鋼製ボイラーに比べ、強度は弱いが腐食には強いです。　○

5　加圧燃焼方式を採用して、ボイラー効率を高めたものがあります。　○

問 020 ▶**ポイント** 鋳鉄製ボイラーの主な特徴は、狭い場所への搬入が可能、腐
食に強い、熱の不同膨張により割れを生じやすい、強度が弱
く高圧・大容量に不適などがあります。　▶テキストP.049

正解
2

1　各セクションは、蒸気部連絡口および水部連絡口の穴の部分にニップル
をはめて結合し、セクション締付ボルトで締め付けて組み立てられてい
ます。　○

2　鋳鉄製のため、鋼製ボイラーに比べ、強度が弱いが、腐食には強いです。　×

3　加圧燃焼方式を採用して、ボイラー効率を高めたものがあります。　○

4　セクションの数は20程度までで、伝熱面積は50m²程度までが一般的
です。　○

5　多数のスタッドを取り付けたセクションによって、伝熱面積を増加させ
ることができます。　○

鋳鉄製ボイラーについて、誤っているものは次のうちどれか。

重要度
★★★

1 蒸気ボイラーの場合、その使用圧力は1MPa以下に限られる。

2 暖房用蒸気ボイラーでは、原則として復水を循環使用する。

3 暖房用蒸気ボイラーの返り管の取付けには、ハートフォード式連結法が用いられる。

4 ウェットボトム式は、ボイラー底部にも水を循環させる構造となっている。

5 鋼製ボイラーに比べ、腐食には強いが強度は弱い。

（令和2年度／後期／問5）

問 022 鋳鉄製ボイラーについて、誤っているものは次のうちどれか。

重要度
★★★

1 蒸気ボイラーの場合、その使用圧力は0.1MPa以下に限られる。

2 暖房用蒸気ボイラーでは、重力循環式の場合、給水管はボイラー本体の安全低水面の位置に直接取り付ける。

3 ポンプ循環方式の蒸気ボイラーの場合、返り管は、安全低水面以下150mm以内の高さに取り付ける。

4 ウェットボトム式は、ボイラー底部にも水を循環させる構造となっている。

5 鋼製ボイラーに比べ、熱による不同膨張によって割れが生じやすい。

（令和3年度／前期／問6）

問 021 ▶**ポイント** 鋳鉄製ボイラーの使用圧力は、蒸気ボイラーは 0.1MPa以下、温水ボイラーは 0.5MPa（水頭圧 50m）以下かつ温水温度 120℃以下になります。 ▶テキストP.048

1 蒸気ボイラーの場合、その使用圧力は 0.1MPa以下に限られます。 ×

2 暖房用蒸気ボイラーでは、原則として復水を循環使用します。 ○

3 暖房用蒸気ボイラーの返り管の取付けには、**ハートフォード式連結法**が用いられます。 ○

4 ウェットボトム式は、ボイラー底部にも**水を循環させる**構造となっています。 ○

5 鋼製ボイラーに比べ、**腐食には強いが強度は弱い**です。 ○

問 022 ▶**ポイント** 鋳鉄製ボイラーの給水管は、返り管に取り付けて混合させます。取付位置は、重力循環式は安全低水面、ポンプ循環式は安全低水面以下 150mm以内にします。 ▶テキストP.049

1 蒸気ボイラーの場合、その使用圧力は 0.1MPa以下に限られます。 ○

2 暖房用蒸気ボイラーでは、重力循環式の場合、**返り管**はボイラー本体の安全低水面の位置に直接取り付けます。 ×

3 ポンプ循環方式の蒸気ボイラーの場合、返り管は、安全低水面以下 150mm以内の高さに取り付けます。 ○

4 ウェットボトム式は、ボイラー底部にも**水を循環させる**構造となっています。 ○

5 鋼製ボイラーに比べ、熱による不同膨張によって**割れ**が生じやすいです。 ○

重要度
★★★

温水ボイラーの逃がし管及び逃がし弁について、誤っているものは次のうちどれか。

1 逃がし管は、ボイラーと高所に設けた開放型膨張タンクとを接続する管である。

2 逃がし管は、ボイラーが高圧になるのを防ぐ安全装置である。

3 逃がし管には、ボイラーに近い側に弁又はコックを取り付ける。

4 逃がし管は、伝熱面積に応じて最小径が定められている。

5 逃がし弁は、水の膨張により圧力が設定した圧力を超えると、弁体を押し上げ、水を逃がすものである。

（令和4年度／前期／問4）

重要度
★★★

次の文中の 　　　　　　内に入れるA及びBの語句の組合せとして、正しいものは1～5のうちどれか。

「暖房用鋳鉄製蒸気ボイラーでは、　　A　　を循環して使用するが、給水管はボイラーに直接接続しないで　　B　　に取り付けるハートフォード式連結法が用いられる。」

	A	B
1	給水	逃がし管
2	蒸気	膨張管
3	復水	返り管
4	復水	逃がし管
5	給水	膨張管

（令和元年度／前期／問4）

問 023 ▶ポイント 鋳鉄製ボイラーの安全装置として、逃がし管または逃がし弁を付けます。逃がし管の途中にはいかなる弁も取り付けてはいけません。 ▶テキストP.048

正解 **3**

1 逃がし管は、ボイラーと高所に設けた**開放型膨張タンク**とを接続する管です。 ○

2 逃がし管は、ボイラーが**高圧**になるのを防ぐ安全装置です。 ○

3 逃がし管には、途中に**弁やコックを取り付けてはいけません**。 ✕

4 逃がし管は、伝熱面積に応じて**最小径**が定められています。 ○

5 逃がし弁は、水の膨張により圧力が設定した圧力を超えると、弁体を押し上げ、水を逃がすものです。 ○

問 024 ▶ポイント 重力式蒸気暖房返り管にはハートフォード式連結法が用いられ、安全低水面に取り付けることにより低水位事故を防止します。 ▶テキストP.049

正解 **3**

「暖房用鋳鉄製蒸気ボイラーでは、**復水を循環**して使用するが、給水管はボイラーに直接接続しないで**返り管**に取り付けるハートフォード式連結法が用いられる。」

💡**Point**

鋳鉄製ボイラーの特徴
腐食に強いが強度が弱いです。暖房用蒸気ボイラーは、復水の循環使用が原則で、給水管は返り管に取り付けます。安全装置として逃がし管または逃がし弁を付けるなどがあります。

問025 ボイラー各部の構造及び強さについて、誤っているものは次のうちどれか。

重要度
★★

1 胴板には、内部の圧力によって引張応力が生じる。

2 胴板に生じる応力に対して、胴の周継手の強さは、長手継手の強さの2倍以上必要である。

3 だ円形のマンホールを胴に設ける場合には、短径部を胴の軸方向に配置する。

4 平鏡板で、大径のものや圧力の高いものは、内部の圧力によって生じる曲げ応力に対し、ステーによる補強が必要である。

5 管板には、煙管のころ広げに要する厚さを確保するため、一般に平管板が用いられる。

（平成30年度／後期／問4）

問026 ボイラーの鏡板について、誤っているものは次のうちどれか。

重要度
★★

1 鏡板は、胴又はドラムの両端を覆っている部分をいい、煙管ボイラーのように管を取り付ける鏡板は、特に管板という。

2 鏡板は、その形状によって、平鏡板、皿形鏡板、半だ円体形鏡板及び全半球形鏡板に分けられる。

3 平鏡板の大径のものや高い圧力を受けるものは、内部の圧力によって生じる曲げ応力に対して、強度を確保するためステーによって補強する。

4 皿形鏡板は、球面殻、環状殻及び円筒殻から成っている。

5 皿形鏡板は、同材質、同径及び同厚の場合、半だ円体形鏡板に比べて強度が強い。

（令和2年度／前期／問3）

問025　ポイント 胴板には内部からの圧力によって引張応力が発生し、周方向に長手方向の2倍の応力がかかるため、長手継手の強さは周継手の2倍以上必要です。　▶テキストP.052

正解 2

1　胴板には、内部の圧力によって**引張応力**が生じます。　○

2　胴板に生じる応力に対して、胴の周継手の強さは、**長手継手が周継手の2倍以上**必要です。　×

3　だ円形のマンホールを胴に設ける場合には、短径部を胴の**軸方向**に配置します。　○

4　平鏡板で、大径のものや圧力の高いものは、内部の圧力によって生じる**曲げ応力**に対し、ステーによる補強が必要です。　○

5　管板には、煙管のころ広げに要する厚さを確保するため、一般に**平管板**が用いられます。　○

問026　ポイント 鏡板は、平形＜皿形＜半だ円体形＜全半球形に強度が増します。一般的に多く使われているのは皿形です。　▶テキストP.054

正解 5

1　鏡板は、胴またはドラムの両端を覆っている部分をいい、煙管ボイラーのように管を取り付ける鏡板は、特に**管板**といいます。　○

2　鏡板は、その形状によって、**平鏡板**、**皿形鏡板**、**半だ円体形鏡板**および**全半球形鏡板**に分けられます。　○

3　平鏡板の大径のものや高い圧力を受けるものは、内部の圧力によって生じる**曲げ応力**に対して、強度を確保するためステーによって補強します。　○

4　皿形鏡板は、**球面殻**、**環状殻**および**円筒殻**から成っています。　○

5　皿形鏡板は、同材質、同径および同厚の場合、半だ円体形鏡板に比べて強度が**弱い**です。　×

ボイラーに用いられるステーについて、適切でないものは次のうちどれか。

重要度
★★

1 平鏡板は、圧力に対して強度が弱く変形しやすいので、大径のものや高い圧力を受けるものはステーによって補強する。

2 棒ステーは、棒状のステーで、胴の長手方向（両鏡板の間）に設けたものを長手ステー、斜め方向（鏡板と胴板の間）に設けたものを斜めステーという。

3 管ステーを火炎に触れる部分にねじ込みによって取り付ける場合には、焼損を防ぐため、管ステーの端部を板の外側へ10mm程度突き出す。

4 管ステーは、煙管よりも肉厚の鋼管を管板に溶接又はねじ込みによって取り付ける。

5 ガセットステーは、平板によって鏡板を胴で支えるもので、溶接によって取り付ける。

（令和 3 年度／前期／問 4）

問 027 **ポイント** ステーは、圧力に対して強度の弱い平鏡板や皿形鏡板などを補強するものです。管ステーは、取り付け部の焼損を防ぐために縁曲げを行います。　▶テキストP.057

正解 3

1　平鏡板は、圧力に対して強度が弱く変形しやすいので、大径のものや高い圧力を受けるものはステーによって補強します。　○

2　棒ステーは、棒状のステーで、胴の長手方向（両鏡板の間）に設けたものを長手ステー、斜め方向（鏡板と胴板の間）に設けたものを斜めステーといいます。　○

3　管ステーを火炎に触れる部分にねじ込みによって取り付ける場合には、焼損を防ぐため、管ステーの端部を縁曲げします。　×

4　管ステーは、煙管よりも肉厚の鋼管を管板に溶接またはねじ込みによって取り付けます。　○

5　ガセットステーは、平板によって鏡板を胴で支えるもので、溶接によって取り付けます。　○

Point

ボイラー各部の強さ

ボイラーには、胴板に引張応力、平鏡板に曲げ応力、炉筒に圧縮応力など、さまざまな応力がかかります。そのため、胴の長手継手を周継手の2倍以上の強度、平鏡板にはステー、炉筒を波形にするなど対応をします。

06 計測器・安全装置

問 028

重要度 ★★★

☐☐☐

ボイラーに使用するブルドン管圧力計について、誤っているものは次のうちどれか。

1 ブルドン管は、断面が真円形の管を円弧状に曲げ、その一端を固定し他端を閉じたものである。

2 圧力計は、ブルドン管に圧力が加わり管の円弧が広がると、歯付扇形片が動いて小歯車が回転し、指針が圧力を示す。

3 圧力計と胴又は蒸気ドラムとの間に水を入れたサイホン管などを取り付け、蒸気がブルドン管に直接入らないようにする。

4 圧力計は、原則として、胴又は蒸気ドラムの一番高い位置に取り付ける。

5 圧力計のコックは、ハンドルが管軸と同一方向になったときに開くように取り付ける。

(平成30年度／後期／問6)

問 029

重要度 ★★★

☐☐☐

ボイラーに使用するブルドン管圧力計に関するAからDまでの記述で、誤っているもののみを全て挙げた組合せは、次のうちどれか。

A 圧力計は、原則として、胴又は蒸気ドラムの一番高い位置に取り付ける。

B 耐熱用のブルドン管圧力計は、周囲の温度が高いところでも使用できるので、ブルドン管に高温の蒸気や水が入っても差し支えない。

C 圧力計は、ブルドン管とダイヤフラムを組み合わせたもので、ブルドン管が圧力によって伸縮することを利用している。

D 圧力計のコックは、ハンドルが管軸と直角方向になったときに閉じるように取り付ける。

1 A, B, D   4 B, C
2 A, C   5 B, C, D
3 A, D

(令和4年度／前期／問8)

問 028 **ポイント** 圧力計は一般的に断面がだ円形のブルドン管を使用したブルドン管圧力計が使用されています。 ▶テキストP.060

正解 1

1 ブルドン管は、断面がだ円（扁平）の管を円弧状に曲げ、その一端を固定し他端を閉じたものです。 ✕

2 圧力計は、**ブルドン管**に圧力が加わり管の円弧が広がると、歯付扇形片が動いて小歯車が回転し、指針が圧力を示します。 ○

3 圧力計と胴または蒸気ドラムとの間に水を入れた**サイホン管**などを取り付け、蒸気がブルドン管に直接入らないようにします。 ○

4 圧力計は、原則として、胴または蒸気ドラムの一番**高い位置**に取り付けます。 ○

5 圧力計のコックは、ハンドルが管軸と**同一方向**になったときに開くように取り付けます。 ○

問 029 **ポイント** 圧力計は一番高い位置に取り付けます。圧力計のコックは、管軸と同一方向に向けると開くようにします。 ▶テキストP.060

正解 4

A 圧力計は、原則として、胴または蒸気ドラムの**一番高い位置**に取り付けます。 ○

B 耐熱用のブルドン管圧力計は、ブルドン管に**80℃以上**の高温蒸気や水が入らないように、胴と圧力計の間に**サイホン管**を取り付け、中に**水**を入れておきます。 ✕

C 圧力計は、**ブルドン管**が圧力によって伸縮することを利用しています。**ダイヤフラム**は使いません。 ✕

D 圧力計のコックは、ハンドルが管軸と**直角方向**になったときに**閉じる**ように取り付けます。 ○

ボイラーに使用する計測器について、**適切でないもの**は次のうちどれか。

1 ブルドン管圧力計は、断面が扁平な管を円弧状に曲げたブルドン管に圧力が加わると、圧力の大きさに応じて円弧が広がることを利用している。

2 差圧式流量計は、流体が流れている管の中に絞りを挿入すると、入口と出口との間に流量の二乗に比例する圧力差が生じることを利用している。

3 容積式流量計は、ケーシングの中で、だ円形歯車を2個組み合わせ、これを流体の流れによって回転させると、流量が歯車の回転数に比例することを利用している。

4 二色水面計は、光線の屈折率の差を利用したもので、蒸気部は赤色に、水部は緑色に見える。

5 マルチポート水面計は、金属製の箱に小さな丸い窓を配列し、円形透視式ガラスをはめ込んだもので、一般に使用できる圧力が平形透視式水面計より低い。

(令和3年度／前期／問3)

ボイラーに使用する計測器について、**適切でないもの**は次のうちどれか。

1 面積式流量計は、垂直に置かれたテーパ管内のフロートが流量の変化に応じて上下に可動し、テーパ管とフロートの間の環状面積が流量に比例することを利用している。

2 差圧式流量計は、流体が流れている管の中に絞りを挿入すると、入口と出口との間に流量に比例する圧力差が生じることを利用している。

3 容積式流量計は、ケーシングの中で、だ円形歯車を2個組み合わせ、これを流体の流れによって回転させると、流量が歯車の回転数に比例することを利用している。

4 平形反射式水面計は、ガラスの前面から見ると水部は光線が通って黒色に見え、蒸気部は光線が反射されて白色に光って見える。

5 U字管式通風計は、計測する場所の空気又はガスの圧力と大気圧との差圧を水柱で示す。

(令和3年度／後期／問6)

解説

問 030　ポイント 各種の水面計の特徴を掴んでおきましょう。マルチポート水面計は超高圧用ボイラーに使用され、蒸気部が赤色、水部は青（緑）色に見えます。　▶テキストP.061

正解 5

1　ブルドン管圧力計は、断面が**扁平**な管を円弧状に曲げたブルドン管に圧力が加わると、圧力の大きさに応じて円弧が**広がる**ことを利用しています。　○

2　差圧式流量計は、流体が流れている管の中に絞りを挿入すると、入口と出口との間に流量の二乗に比例する圧力差が生じることを利用しています。　○

3　容積式流量計は、ケーシングの中で、だ円形歯車を2個組み合わせ、これを流体の流れによって回転させると、流量が**歯車の回転数**に比例することを利用しています。　○

4　二色水面計は、光線の屈折率の差を利用したもので、蒸気部は**赤色**に、水部は**緑色**に見えます。　○

5　マルチポート水面計は、金属製の箱に小さな丸い窓を配列し、円形透視式ガラスをはめ込んだもので、一般に使用できる圧力が平形透視式水面計より高い（超高圧に適する）です。　×

問 031　ポイント 各種の流量計の特徴を掴んでおきましょう。面積式流量計と容積式流量計を間違えないようにしましょう。　▶テキストP.062、P.077

正解 2

1　面積式流量計は、垂直に置かれたテーパ管内の**フロート**が流量の変化に応じて上下に可動し、テーパ管とフロートの間の環状面積が流量に比例することを利用しています。　○

2　差圧式流量計は入口と出口の流量の**二乗の差**に比例します。　×

3　容積式流量計は、ケーシングの中で、だ円形歯車を2個組み合わせ、これを流体の流れによって回転させると、流量が**歯車の回転数**に比例することを利用しています。　○

4　平形反射式水面計は、ガラスの前面から見ると水部は光線が通って**黒色**に見え、蒸気部は光線が反射されて**白色**に光って見えます。　○

5　U字管式通風計は、計測する場所の空気またはガスの圧力と大気圧との**差圧**を水柱で示します。　○

問032 ボイラーの水面測定装置について、誤っているものは次のうちどれか。

重要度
★★★

1 貫流ボイラーを除く蒸気ボイラーには、原則として、2個以上のガラス水面計を見やすい位置に取り付ける。

2 ガラス水面計は、可視範囲の最下部がボイラーの安全低水面と同じ高さになるように取り付ける。

3 丸形ガラス水面計は、主として最高使用圧力1MPa以下の丸ボイラーなどに用いられる。

4 平形反射式水面計は、裏側から電灯の光を通すことにより、水面を見分けるものである。

5 二色水面計は、光線の屈折率の差を利用したもので、蒸気部は赤色に、水部は緑色に見える。

（令和元年度／前期／問6）

問033 ボイラーの水位検出器について、誤っているものは次のうちどれか。

重要度
★★★

1 水位検出器は、原則として、2個以上取り付け、それぞれの水位検出方式は異なるものが良い。

2 水位検出器の水側連絡管及び蒸気側連絡管には、原則として、バルブ又はコックを直列に2個以上設ける。

3 水位検出器の水側連絡管に設けるバルブ又はコックは、直流形の構造のものが良い。

4 水位検出器の水側連絡管は、呼び径20A以上の管を使用する。

5 水位検出器の水側連絡管、蒸気側連絡管並びに排水管に設けるバルブ及びコックは、開閉状態が外部から明確に識別できるものとする。

（令和4年度／前期／問10）

問 032 **ポイント** 各種の水面測定装置の特徴を掴んでおきましょう。

▶テキストP.061

1 貫流ボイラーを除く蒸気ボイラーには、原則として、**2個以上のガラス水面計**を見やすい位置に取り付けます。　○

2 ガラス水面計は、可視範囲の最下部がボイラーの**安全低水面**と同じ高さになるように取り付けます。　○

3 丸形ガラス水面計は、主として最高使用圧力**1MPa以下**の丸ボイラーなどに用いられます。　○

4 平形反射式水面計は三角溝を利用し、裏側から電灯の光をフィルターグラスに通すのは**二色水面計**です。　×

5 二色水面計は、光線の屈折率の差を利用したもので、蒸気部は**赤色**に、水部は**緑色**に見えます。　○

問 033 **ポイント** バルブまたはコックを直列に2個以上設けるのは、吹出し装置になります。

▶テキストP.066

1 水位検出器は、原則として、**2個以上**取り付け、それぞれの水位検出方式は異なるものが良いです。　○

2 水位検出器の連絡管は、原則として呼び径20A以上の直流形の構造でバルブまたはコックは**2個以上設けません**。　×

3 水位検出器の水側連絡管に設けるバルブまたはコックは、**直流形**の構造のものが良いです。　○

4 水位検出器の水側連絡管は、呼び径**20A**以上の管を使用します。　○

5 水位検出器の水側連絡管、蒸気側連絡管並びに排水管に設けるバルブおよびコックは、**開閉状態**が外部から明確に識別できるものとします。　○

問 034 ボイラーの送気系統装置について、誤っているものは次のうちどれか。

重要度 ★★★

1 主蒸気弁に用いられる仕切弁は、蒸気が弁本体の内部で直線状に流れるため抵抗が小さい。

2 減圧弁は、発生蒸気の圧力と使用箇所での蒸気圧力の差が大きいとき又は使用箇所での蒸気圧力を一定に保つときに設ける。

3 沸水防止管は、大径のパイプの上面の多数の穴から蒸気を取り入れ、蒸気流の方向を変えることによって水滴を分離するものである。

4 バケット式蒸気トラップは、蒸気とドレンの温度差を利用するもので、作動が迅速かつ確実で、信頼性が高い。

5 長い主蒸気管の配置に当たっては、温度の変化による伸縮に対応するため、湾曲形、ベローズ形、すべり形などの伸縮継手を設ける。

(平成30年度／後期／問8)

問 035 ボイラーの送気系統装置について、誤っているものは次のうちどれか。

重要度 ★★★

1 主蒸気弁に用いられる玉形弁は、蒸気の流れが弁体内部でS字形になるため抵抗が大きい。

2 バイパス弁は、発生蒸気の圧力と使用箇所での蒸気圧力の差が大きいとき、又は使用箇所での蒸気圧力を一定に保つときに設ける。

3 沸水防止管は、大径のパイプの上面の多数の穴から蒸気を取り入れ、蒸気流の方向を変えることによって水滴を分離するものである。

4 バケット式蒸気トラップは、ドレンの存在が直接トラップ弁を駆動するので、作動が迅速かつ確実で、信頼性が高い。

5 長い主蒸気管の配置に当たっては、温度の変化による伸縮に対応するため、湾曲形、ベローズ形、すべり形などの伸縮継手を設ける。

(令和元年度／後期／問6)

問 034 **ポイント** 送気系統装置からは、主蒸気管、主蒸気弁、沸水防止管、蒸気トラップ、減圧装置からまんべんなく出題されます。それぞれ仕組みと特徴を掴んでおきましょう。▶テキストP.069、P.071

正解 **4**

1 主蒸気弁に用いられる仕切弁は、蒸気が弁本体の内部で**直線状**に流れるため抵抗が小さいです。 ○

2 減圧弁は、発生蒸気の圧力と使用箇所での**蒸気圧力の差**が大きいときまたは使用箇所での**蒸気圧力を一定**に保つときに設けます。 ○

3 沸水防止管は、大径のパイプの上面の多数の穴から蒸気を取り入れ、蒸気流の方向を変えることによって**水滴を分離**するものです。 ○

4 バケット式蒸気トラップは、蒸気とドレンの**バケットの浮力**を利用するもので、作動が迅速かつ確実で、信頼性が高いです。 ×

5 長い主蒸気管の配置に当たっては、温度の変化による伸縮に対応するため、湾曲形、ベローズ形、すべり形などの**伸縮継手**を設けます。 ○

問 035 **ポイント** 減圧弁の問題はよく出題されます。

▶テキストP.069、P.072

正解 **2**

1 主蒸気弁に用いられる玉形弁は、蒸気の流れが弁体内部で**S字形**になるため抵抗が大きいです。 ○

2 発生蒸気の圧力と使用箇所での蒸気圧力の差が大きいとき、または使用箇所での蒸気圧力を一定に保つときに設けるのは**減圧弁**です。**バイパス弁**は、主蒸気弁のバイパスとして**送気始めの暖管操作時**や**スチームトラップのドレン排出の代役**などに使われます。 ×

3 沸水防止管は、大径のパイプの上面の多数の穴から蒸気を取り入れ、蒸気流の方向を変えることによって**水滴を分離**するものです。 ○

4 バケット式蒸気トラップは、**ドレンの存在**が直接トラップ弁を駆動するので、作動が迅速かつ確実で、信頼性が高いです。 ○

5 長い主蒸気管の配置に当たっては、温度の変化による伸縮に対応するため、湾曲形、ベローズ形、すべり形などの**伸縮継手**を設けます。 ○

ボイラーの送気系統装置について、誤っているものは次のうちどれか。

重要度
★★★

1　主蒸気弁に用いられる仕切弁は、蒸気の流れが弁体内でＹ字形になるため抵抗が小さい。

2　主蒸気弁に用いられる玉形弁は、蒸気の流れが弁体内部でＳ字形になるため抵抗が大きい。

3　減圧弁は、発生蒸気の圧力と使用箇所での蒸気圧力の差が大きいとき、又は使用箇所での蒸気圧力を一定に保つときに設ける。

4　蒸気トラップは、蒸気の使用設備内にたまったドレンを自動的に排出する装置である。

5　長い主蒸気管の配置に当たっては、温度の変化による伸縮に対応するため、湾曲形、ベローズ形、すべり形などの伸縮継手を設ける。

（令和4年度／前期／問6）

次の文中の　　　　　　内に入れるＡからＣまでの語句の組合せとして、正しいものは1〜5のうちどれか。

重要度
★★★

「ボイラーの胴の蒸気室の頂部に　　Ａ　　を直接開口させると、水滴を含んだ蒸気が送気されやすいため、低圧ボイラーには、大径のパイプの　　Ｂ　　の多数の穴から蒸気を取り入れ、蒸気流の方向を変えて、胴内に水滴を流して分離する　　Ｃ　　が用いられる。」

	A	B	C
1	主蒸気管	上面	沸水防止管
2	主蒸気管	上面	蒸気トラップ
3	給水内管	下面	気水分離器
4	給水内管	下面	沸水防止管
5	給水内管	下面	蒸気トラップ

（令和3年度／前期／問5）

問 036 **ポイント** 主蒸気弁の種類は、アングル弁、玉形弁や仕切弁があり、仕切弁は水流が直線になり流れに対して仕切り板が垂直に下りてきます。 ▶テキストP.069

正解 **1**

1 主蒸気弁に用いられる**仕切弁**は、蒸気の流れが弁体内で**直線**になるため抵抗が小さくなります。 ✕

2 主蒸気弁に用いられる**玉形弁**は、蒸気の流れが弁体内部で**S字形**になるため抵抗が大きくなります。 ◯

3 **減圧弁**は、発生蒸気の圧力と使用箇所での蒸気圧力の差が大きいとき、または使用箇所での蒸気圧力を一定に保つときに設けます。 ◯

4 蒸気トラップは、蒸気の使用設備内にたまった**ドレン**を自動的に排出する装置です。 ◯

5 長い主蒸気管の配置に当たっては、温度の変化による伸縮に対応するため、湾曲形、ベローズ形、すべり形などの**伸縮継手**を設けます。 ◯

問 037 **ポイント** 沸水防止管は蒸気取出し口に設け、蒸気と水滴を分離しキャリオーバーを防止します。 ▶テキストP.070

正解 **1**

「ボイラーの胴の蒸気室の頂部に**主蒸気管**を直接開口させると、水滴を含んだ蒸気が送気されやすいため、低圧ボイラーには、大径のパイプの**上面**の多数の穴から蒸気を取り入れ、蒸気流の方向を変えて、胴内に水滴を流して分離する**沸水防止管**が用いられる。」

🖊**学習法**

ボイラーの送気系統装置

送気系統装置は、主蒸気弁は種類と構造、減圧弁は目的、蒸気トラップは目的と種類および構造、沸水防止管は目的と構造を押さえておきましょう。

08 給水系統装置

問 038 ボイラーの給水系統装置について、誤っているものは次のうちどれか。

重要度 ★★★

1 渦流ポンプは、円周流ポンプとも呼ばれているもので、小容量の蒸気ボイラーなどに用いられる。

2 渦巻ポンプは、羽根車の周辺に案内羽根のある遠心ポンプで、低圧のボイラーに用いられる。

3 インゼクタは、蒸気の噴射力を利用して給水するものである。

4 給水弁と給水逆止め弁をボイラーに取り付ける場合は、ボイラーに近い側に給水弁を取り付ける。

5 給水弁には、アングル弁又は玉形弁が用いられる。

（平成30年度／後期／問7）

問 039 ボイラーの給水系統装置について、誤っているものは次のうちどれか。

重要度 ★★★

1 ディフューザポンプは、羽根車の周辺に案内羽根のある遠心ポンプで、高圧のボイラーには多段ディフューザポンプが用いられる。

2 渦巻ポンプは、羽根車の周辺に案内羽根のない遠心ポンプで、一般に低圧のボイラーに用いられる。

3 給水加熱器には、一般に、加熱管を隔てて給水を加熱する熱交換式が用いられる。

4 給水弁と給水逆止め弁をボイラーに取り付ける場合は、ボイラーに近い側に給水弁を取り付ける。

5 給水内管は、一般に長い鋼管に多数の穴を設けたもので、胴又は蒸気ドラム内の安全低水面より上方に取り付ける。

（令和元年度／前期／問8）

問 038　ポイント 給水ポンプには、渦巻ポンプ（案内羽根がない）、ディフューザポンプ（案内羽根がある）や円周流ポンプ（渦流ポンプ）などがあります。 ▶テキストP.073

正解　2

1　渦流ポンプは、円周流ポンプとも呼ばれているもので、小容量の蒸気ボイラーなどに用いられます。　〇

2　渦巻ポンプは、羽根車の周辺に案内羽根がない遠心ポンプで、低圧のボイラーに用いられます。　✕

3　インゼクタは、蒸気の噴射力を利用して給水するものです。　〇

4　給水弁と給水逆止め弁をボイラーに取り付ける場合は、ボイラーに近い側に給水弁を取り付けます。　〇

5　給水弁には、アングル弁または玉形弁が用いられます。　〇

問 039　ポイント 給水内管の取付位置が、水面上になると蒸気を冷やしてしまうため、常に水面下になるように安全低水面のやや下に取り付けます。 ▶テキストP.076

正解　5

1　ディフューザポンプは、羽根車の周辺に案内羽根のある遠心ポンプで、高圧のボイラーには多段ディフューザポンプが用いられます。　〇

2　渦巻ポンプは、羽根車の周辺に案内羽根のない遠心ポンプで、一般に低圧のボイラーに用いられます。　〇

3　給水加熱器には、一般に、加熱管を隔てて給水を加熱する熱交換式が用いられます。　〇

4　給水弁と給水逆止め弁をボイラーに取り付ける場合は、ボイラーに近い側に給水弁を取り付けます。　〇

5　給水内管は、集中給水による温度低下を防ぐため、長い鋼管に多数の穴をあけ散布給水するものです。安全低水面のやや下に取り付け、取り外しのできる構造です。　✕

ボイラーの給水系統装置について、誤っているものは次のうちどれか。

1 ディフューザポンプは、羽根車の周辺に案内羽根のある遠心ポンプで、高圧のボイラーには多段ディフューザポンプが用いられる。

2 渦巻ポンプは、羽根車の周辺に案内羽根のない遠心ポンプで、一般に低圧のボイラーに用いられる。

3 インゼクタは、蒸気の噴射力を利用して給水するものである。

4 給水逆止め弁には、アングル弁又は玉形弁が用いられる。

5 給水内管は、一般に長い鋼管に多数の穴を設けたもので、胴又は蒸気ドラム内の安全低水面よりやや下方に取り付ける。

（令和元年度／後期／問8）

ボイラーの給水系統装置について、誤っているものは次のうちどれか。

1 ボイラーに給水する遠心ポンプは、多数の羽根を有する羽根車をケーシング内で回転させ、遠心作用により水に水圧及び速度エネルギーを与える。

2 遠心ポンプは、案内羽根を有するディフューザポンプと有しない渦巻ポンプに分類される。

3 渦流ポンプは、円周流ポンプとも呼ばれているもので、小容量の蒸気ボイラーなどに用いられる。

4 ボイラー又はエコノマイザの入口近くには、給水弁と給水逆止め弁を設ける。

5 給水内管は、一般に長い鋼管に多数の穴を設けたもので、胴又は蒸気ドラム内の安全低水面よりやや上方に取り付ける。

（令和2年度／前期／問8）

問 040 **ポイント** 給水逆止め弁が故障した場合に、ボイラーに圧力を残したま まで逆止め弁を修理するため、給水弁を本体側に取り付けま す。 ▶テキストP.069、076

正解 **4**

1 ディフューザポンプは、羽根車の周辺に**案内羽根のある**遠心ポンプで、 高圧のボイラーには多段ディフューザポンプが用いられます。 ○

2 **渦巻ポンプ**は、羽根車の周辺に**案内羽根のない**遠心ポンプで、一般に低 圧のボイラーに用いられます。 ○

3 **インゼクタ**は、**蒸気の噴射力**を利用して給水するものです。 ○

4 給水逆止め弁は、**スイング式またはリフト式**が用いられます。 ×

5 給水内管は、一般に長い鋼管に多数の穴を設けたもので、胴または蒸気 ドラム内の安全低水面よりやや**下方**に取り付けます。 ○

問 041 **ポイント** 給水内管の取付位置と取り外しができる構造であることは押 さえておきましょう。また、給水弁と給水逆止め弁の位置関 係も押さえておきましょう。 ▶テキストP.076

正解 **5**

1 ボイラーに給水する**遠心ポンプ**は、多数の羽根を有する羽根車をケーシ ング内で回転させ、遠心作用により水に水圧および速度エネルギーを与 えます。 ○

2 遠心ポンプは、案内羽根を有する**ディフューザポンプ**と有しない**渦巻ポ ンプ**に分類されます。 ○

3 **渦流ポンプ**は、**円周流ポンプ**とも呼ばれているもので、小容量の蒸気ボ イラーなどに用いられます。 ○

4 ボイラーまたはエコノマイザの入口近くには、**給水弁と給水逆止め弁**を 設けます。 ○

5 給水内管は、一般に長い鋼管に多数の穴を設けたもので、胴または蒸気 ドラム内の安全低水面より**やや下方**に取り付けます。 ×

09 吹出し（ブロー）装置

問042 ボイラーの吹出し装置について、誤っているものは次のうちどれか。

重要度
★★★

1 吹出し弁には、スラッジなどによる故障を避けるため、玉形弁又はアングル弁が用いられる。

2 最高使用圧力1MPa未満のボイラーでは、吹出し弁の代わりに吹出しコックが用いられることが多い。

3 大形のボイラー及び高圧のボイラーには、2個の吹出し弁を直列に設け、第一吹出し弁に急開弁、第二吹出し弁に漸開弁を取り付ける。

4 連続運転するボイラーでは、ボイラー水の不純物濃度を一定に保つため、連続吹出し装置が用いられる。

5 連続吹出し装置の吹出し管は、胴や蒸気ドラムの水面近くに取り付ける。

（令和2年度／前期／問7）

問043 ボイラーの吹出し装置について、適切でないものは次のうちどれか。

重要度
★★★

1 吹出し管は、ボイラー水の濃度を下げたり、沈殿物を排出するため、胴又はドラムに設けられる。

2 吹出し弁には、スラッジなどによる故障を避けるため、玉形弁又はアングル弁が用いられる。

3 最高使用圧力1MPa未満のボイラーでは、吹出し弁の代わりに吹出しコックが用いられることが多い。

4 大形のボイラー及び高圧のボイラーには、2個の吹出し弁を直列に設け、ボイラーに近い方に急開弁、遠い方に漸開弁を取り付ける。

5 連続吹出し装置は、ボイラー水の濃度を一定に保つように調節弁によって吹出し量を加減し、少量ずつ連続的に吹き出す装置である。

（令和3年度／前期／問7）

問042　ポイント　ボイラー水濃度を一定に保ったり、沈殿物を排出する目的で吹出しを行います。吹出しには間欠吹出しと連続吹出しがあります。　▶テキストP.079

正解 1

1　吹出し弁は、玉形弁は避け、直流形の仕切弁またはY形弁が用いられます。玉形弁は、弁内でS字を描くため抵抗が大きくスラッジなどを噛み込んでしまいます。　×

2　最高使用圧力1MPa未満のボイラーでは、吹出し弁の代わりに吹出しコックが用いられることが多いです。　○

3　大形のボイラーおよび高圧のボイラーには、2個の吹出し弁を直列に設け、第一吹出し弁に急開弁、第二吹出し弁に漸開弁を取り付けます。　○

4　連続運転するボイラーでは、ボイラー水の不純物濃度を一定に保つため、連続吹出し装置が用いられます。　○

5　連続吹出し装置の吹出し管は、胴や蒸気ドラムの水面近くに取り付けます。　○

問043　ポイント　大形のボイラーおよび高圧のボイラーには、2個の吹出し弁を直列に設け、ボイラーに近い方（元栓用）に急開弁、遠い方（調節用）に漸開弁を取り付けます。　▶テキストP.079

正解 2

1　吹出し管は、ボイラー水の濃度を下げたり、沈殿物を排出するため、胴またはドラムに設けられます。　○

2　吹出し弁には、スラッジなどによる故障を避けるため、仕切弁またはY形弁が用いられます。　×

3　最高使用圧力1MPa未満のボイラーでは、吹出し弁の代わりに吹出しコックが用いられることが多いです。　○

4　大形のボイラーおよび高圧のボイラーには、2個の吹出し弁を直列に設け、ボイラーに近い方に急開弁、遠い方に漸開弁を取り付けます。　○

5　連続吹出し装置は、ボイラー水の濃度を一定に保つように調節弁によって吹出し量を加減し、少量ずつ連続的に吹き出す装置です。　○

10 温水ボイラー、暖房用ボイラーの附属品

問044 温水ボイラー及び蒸気ボイラーの附属品について、誤っているものは次のうちどれか。

重要度 ★★★

1 水高計は、温水ボイラーの水面を測定する計器で、蒸気ボイラーの水面計に相当する。

2 温水ボイラーの温度計は、ボイラー水が最高温度となる箇所の見やすい位置に取り付ける。

3 逃がし管には、途中に弁やコックを取り付けてはならない。

4 逃がし弁は、水の温度が120℃以下の温水ボイラーで、膨張タンクを密閉型にした場合に用いられる。

5 温水暖房ボイラーの温水循環ポンプは、ボイラーで加熱された水を放熱器に送り、再びボイラーに戻すために用いられる。

(令和元年度／後期／問10)

問045 温水ボイラー及び蒸気ボイラーの附属品に関するAからDまでの記述で、正しいもののみを全て挙げた組合せは、次のうちどれか。

重要度 ★★★

A 凝縮水給水ポンプは、重力環水式の暖房用蒸気ボイラーで、凝縮水をボイラーに押し込むために用いられる。

B 暖房用蒸気ボイラーの逃がし弁は、発生蒸気の圧力と使用箇所での蒸気圧力の差が大きいときの調節弁として用いられる。

C 温水ボイラーの逃がし管には、ボイラーに近い側に弁又はコックを取り付ける。

D 温水ボイラーの逃がし弁は、逃がし管を設けない場合又は密閉型膨張タンクとした場合に用いられる。

1 A，B，D   4 B，C

2 A，C，D   5 B，C，D

3 A，D

(令和3年度／後期／問10)

問 044 ▶ポイント 水高計は、温水ボイラーの圧力を計る計器で、蒸気ボイラーの圧力計に相当します。 ▶テキストP.081

正解 1

1 水高計は、**温水ボイラーの圧力を測る**計器で、蒸気ボイラーの圧力計に相当します。 ✕

2 温水ボイラーの温度計は、ボイラー水が**最高温度**となる箇所の見やすい位置に取り付けます。 ○

3 逃がし管には、途中に弁やコックを**取り付けてはなりません**。 ○

4 逃がし弁は、水の温度が120℃以下の温水ボイラーで、膨張タンクを**密閉型**にした場合に用いられます。 ○

5 温水暖房ボイラーの**温水循環ポンプ**は、ボイラーで加熱された水を放熱器に送り、再びボイラーに戻すために用いられます。 ○

問 045 ▶ポイント 発生蒸気圧力を使用箇所での圧力に下げるのは減圧弁です。また、逃がし管の途中には弁やコックは取り付けてはいけません。これらはよく出ます。 ▶テキストP.072、P.082

正解 3

A 凝縮水給水ポンプは、**重力還水式**の暖房用蒸気ボイラーで、凝縮水をボイラーに押し込むために用いられます。 ○

B 暖房用蒸気ボイラーの**減圧弁**は、発生蒸気の圧力と使用箇所での蒸気圧力の差が大きいときの調節弁として用いられます。 ✕

C 温水ボイラーの逃がし管には、途中に弁やコックを**取り付けてはいけません**。 ✕

D 温水ボイラーの逃がし弁は、逃がし管を設けない場合または**密閉型膨張タンク**とした場合に用いられます。 ○

11 附属設備、その他の装置

問 046

重要度
★★★

ボイラーに空気予熱器を設置した場合の利点として、正しいものは次のうちどれか。

1　ボイラーへの給水温度が上昇する。

2　乾き度の高い飽和蒸気を得ることができる。

3　通風抵抗が増加する。

4　燃焼用空気温度が上昇し、水分の多い低品位燃料の燃焼に有効である。

5　窒素酸化物の発生を抑えられる。

（平成30年度／後期／問2）

問 047

重要度
★★★

ボイラーに空気予熱器を設置した場合の利点に該当しないものは次のうちどれか。

1　ボイラー効率が上昇する。

2　燃焼状態が良好になる。

3　過剰空気量を小さくできる。

4　燃焼用空気の温度が上昇し、水分の多い低品位燃料の燃焼に有効である。

5　通風抵抗が増加する。

（令和2年度／前期／問10）

問 046 ▶ポイント 排ガスの再利用には、スーパーヒーター、エコノマイザ、空気予熱器があります。

正解 4

▶テキストP.083

1 エコノマイザを設置すると、ボイラーへの給水温度が上昇します。 ✕

2 気水分離機（沸水防止管）を設置すると、乾き度の高い飽和蒸気を得ることができます。 ✕

3 エコノマイザを設置すると、通風抵抗が増加し、通風力が減少するため、ファンを強く回すなど電気代がかかり不利益となります。 ✕

4 空気予熱器は、燃焼用空気を予熱するもので、**燃焼状態が良くなり熱効率が上昇**したり、**水分の多い低品位燃料の燃焼に有効**になります。 ○

5 窒素酸化物の発生は**増加**します。 ✕

問 047 ▶ポイント 空気予熱器を利用すると、燃焼用空気の温度が上がるため、燃焼状態が良くなり、ボイラー効率が上がったりします。

正解 5

▶テキストP.083

1 ボイラー効率が**上昇**します。 ○

2 燃焼状態が**良好**になります。 ○

3 過剰空気量を**小さく**できます。 ○

4 燃焼用空気の温度が**上昇**し、水分の多い低品位燃料の燃焼に有効です。 ○

5 排ガスを利用する空気予熱器では、排ガス温度が低下するため通風抵抗が増加します。**通風抵抗が増加するということは、通風力が減少するため利点ではありません。** ✕

問 048

重要度
★★★

ボイラーに空気予熱器を設置した場合の利点として、正しいもののみを全て挙げた組合せは、次のうちどれか。

A　燃焼用空気の温度が上昇し、水分の多い低品位燃料の燃焼に有効である。

B　通風抵抗が増加する。

C　過剰空気量を小さくできる。

D　ボイラー効率が上昇する。

1　A，B

2　A，C

3　A，C，D

4　B，C，D

5　C，D

（令和元年度／前期／問7）

問 049

重要度
★★★

ボイラーのエコノマイザなどについて、誤っているものは次のうちどれか。

1　エコノマイザは、煙道ガスの余熱を回収して給水の予熱に利用する装置である。

2　エコノマイザ管は、エコノマイザに給水するための給水管である。

3　エコノマイザを設置すると、ボイラー効率を向上させ燃料が節約できる。

4　エコノマイザを設置すると、通風抵抗が多少増加する。

5　エコノマイザは、燃料の性状によっては低温腐食を起こすことがある。

（令和2年度／後期／問9）

問 048　ポイント　通風抵抗が増加するということは、燃焼ガスの流れが悪く（通風力が弱く）なり伝熱量が減少するため、利点ではありません。　▶テキストP.083　正解 3

A　燃焼用空気の温度が上昇し、水分の多い低品位燃料の燃焼に有効です。　○

B　通風力が弱まるため利点ではありません。　×

C　過剰空気量を小さくできます。　○

D　ボイラー効率が上昇します。　○

問 049　ポイント　エコノマイザを利用すると給水温度が上がり、燃料の節約やボイラー効率が向上したりします。　▶テキストP.083　正解 2

1　エコノマイザは、煙道ガスの余熱を回収して給水の予熱に利用する装置です。　○

2　エコノマイザ管は、給水を予熱する装置です。　×

3　エコノマイザを設置すると、ボイラー効率を向上させ燃料が節約できます。　○

4　エコノマイザを設置すると、通風抵抗が多少増加します。　○

5　エコノマイザは、燃料の性状によっては低温腐食を起こすことがあります。　○

✎ 学習法

附属設備の必須問題

附属設備は、空気予熱器あるいはエコノマイザが必須問題となっています。それぞれの目的とメリット・デメリットを押さえておきましょう。

問050 ボイラーのエコノマイザについて、誤っているものは次のうちどれか。

重要度
★★★

1 エコノマイザ管には、平滑管やひれ付き管が用いられる。

2 エコノマイザを設置すると、ボイラーへの給水温度が上昇する。

3 エコノマイザには、燃焼ガスにより加熱されたエレメントが移動し、給水を予熱する再生式のものがある。

4 エコノマイザを設置すると、通風抵抗が多少増加する。

5 エコノマイザは、燃料の性状によっては低温腐食を起こすことがある。

（令和3年度／後期／問9）

問051 ボイラーのエコノマイザに関するAからDまでの記述で、正しいもののみを全て挙げた組合せは、次のうちどれか。

重要度
★★★

A エコノマイザは、煙道ガスの余熱を回収して燃焼用空気の予熱に利用する装置である。

B エコノマイザを設置すると、燃料の節約となり、ボイラー効率は向上するが、通風抵抗は増加する。

C エコノマイザは、燃料の性状によっては低温腐食を起こすことがある。

D エコノマイザを設置すると、乾き度の高い飽和蒸気を得ることができる。

1 A，B，C

2 A，C

3 A，D

4 B，C

5 B，C，D

（令和3年度／前期／問8）

問 050 **ポイント** エコノマイザの種類には、鋳鉄管形および鋼管形があり、さらに平滑管形やひれ付き管形があります。

正解 **3**

▶テキストP.083

1　エコノマイザ管には、平滑管やひれ付き管が用いられます。　　　　　〇

2　エコノマイザを設置すると、ボイラーへの給水温度が上昇します。　　　〇

3　再生式は空気予熱器です。　　　　　　　　　　　　　　　　　　　　×

4　エコノマイザを設置すると、通風抵抗が多少増加します。　　　　　　　〇

5　エコノマイザは、燃料の性状によっては低温腐食を起こすことがあります。　　〇

問 051 **ポイント** 排ガスを再利用する附属設備の配置順は、スーパーヒーター→エコノマイザ→空気予熱器の順番になります。

正解 **4**

▶テキストP.083

A　エコノマイザは、煙道ガスの余熱を回収して給水を予熱します。　　　×

B　エコノマイザを設置すると、燃料の節約となり、ボイラー効率は向上するが、通風抵抗は増加します。　　〇

C　エコノマイザは、燃料の性状によっては低温腐食を起こすことがあります。　　〇

D　エコノマイザは給水を予熱します。そのため乾き度の高い飽和蒸気は得られません。　　×

12 自動制御

問052 ボイラーの自動制御における制御量とそれに対する操作量との組合せとして、
誤っているものは次のうちどれか。

重要度
★★

制御量	操作量
1 蒸気温度 ……………………	過熱低減器の注水量又は伝熱量
2 蒸気圧力 …………………	蒸気流量
3 ボイラー水位 …………	給水量
4 炉内圧力 …………………	排出ガス量
5 空燃比 ……………………	燃料量及び燃焼用空気量

（平成30年度／後期／問10）

問053 ボイラーの自動制御に関するAからDまでの記述で、誤っているもののみを全
て挙げた組合せは、次のうちどれか。

重要度
★★★

A ボイラーの状態量として設定範囲内に収めることが目標となっている量を
操作量といい、そのために調節する量を制御量という。

B ボイラーの蒸気圧力又は温水温度を一定にするように、燃料供給量及び燃
焼用空気量を自動的に調節する制御を自動燃焼制御（ACC）という。

C 比例動作による制御は、オフセットが現れた場合にオフセットがなくなる
ように動作する制御である。

D 積分動作による制御は、偏差の時間積分値に比例して操作量を増減するよ
うに動作する制御である。

1 A，B，C
2 A，C
3 A，C，D
4 B，D
5 C，D

（令和3年度／後期／問7）

問052 **ポイント** ボイラーの安定した運転を継続させるため、制御量が設定値と違っていれば、それぞれの操作量によって修正を行います。

正解
2

▶テキストP.092

1 蒸気温度の操作量は、**過熱低減器の注水量**または**伝熱量**になります。 〇

2 空燃比、温水温度、蒸気圧力の操作量は、**燃料量**および**空気量**になります。 ✕

3 ボイラー水位の操作量は、**給水量**になります。 〇

4 炉内圧力の操作量は、**排出ガス量**になります。 〇

5 空燃比の操作量は、**燃料量**および**燃焼用空気量**になります。 〇

問053 **ポイント** 制御対象を設定範囲内に収める量を制御量、そのために調節する量を操作量といいます。比例動作は、偏差の大きさに比例して操作量が増減します。

正解
2

▶テキストP.092、P.095

A ボイラーの状態量として設定範囲内に収めることが目標となっている量を**制御量**といい、そのために調節する量を**操作量**といいます。 ✕

B ボイラーの蒸気圧力または温水温度を一定にするように、燃料供給量および燃焼用空気量を自動的に調節する制御を**自動燃焼制御（ACC）**といいます。 〇

C **積分動作**による制御は、オフセットが現れた場合にオフセットがなくなるように動作する制御です。 ✕

D **積分動作**による制御は、偏差の時間積分値に比例して操作量を増減するように動作する制御です。 〇

Point

ボイラーの自動制御の目的

ボイラーの自動制御の目的は、圧力や温度の一定な蒸気や温水がより経済的に得られるようにすることです。そのためには、燃料の供給量を調節して圧力や温度を一定に保ち、給水量を調節してドラム水位を一定に保つようにします。そのために自動制御を行って効率よく運転し、さらには燃料量の節減や省力化も図っていきます。

問 054 ボイラーの自動制御について、誤っているものは次のうちどれか。

重要度
★★★

1 シーケンス制御は、あらかじめ定められた順序に従って、制御の各段階を、順次、進めていく制御である。

2 オンオフ動作による蒸気圧力制御は、蒸気圧力の変動によって、燃焼又は燃焼停止のいずれかの状態をとる。

3 ハイ・ロー・オフ動作による蒸気圧力制御は、蒸気圧力の変動によって、高燃焼、低燃焼又は燃焼停止のいずれかの状態をとる。

4 比例動作による制御は、偏差が変化する速度に比例して操作量を増減するように動作する制御である。

5 積分動作による制御は、偏差の時間積分値に比例して操作量を増減するように動作する制御である。

（令和元年度／前期／問 10）

問 055 ボイラーのドラム水位制御について、誤っているものは次のうちどれか。

重要度
★★

1 水位制御は、負荷の変動に応じて給水量を調節するものである。

2 単要素式は、水位だけを検出し、その変化に応じて給水量を調節する方式である。

3 二要素式は、水位と蒸気流量を検出し、その変化に応じて給水量を調節する方式である。

4 電極式水位検出器は、蒸気の凝縮によって検出筒内部の水の純度が高くなると、正常に作動しなくなる。

5 熱膨張管式水位調整装置には、単要素式はあるが、二要素式はない。

（令和 3 年度／前期／問 10）

問 054　ポイント　ボイラーの運転では、シーケンス制御とフィードバック制御があります。フィードバック制御は、制御量の値を目標値と比較し、操作量を繰り返し調節しています。

▶テキストP.095

1　シーケンス制御は、あらかじめ定められた順序に従って、制御の各段階を、順次、進めていく制御です。　〇

2　オンオフ動作による蒸気圧力制御は、蒸気圧力の変動によって、燃焼または燃焼停止のいずれかの状態をとります。　〇

3　ハイ・ロー・オフ動作による蒸気圧力制御は、蒸気圧力の変動によって、高燃焼、低燃焼または燃焼停止のいずれかの状態をとります。　〇

4　偏差が変化する速度と比例して操作量を増減するように働く動作を微分動作（D動作）といいます。　✕

5　積分動作による制御は、偏差の時間積分値に比例して操作量を増減するように動作する制御です。　〇

問 055　ポイント　水位制御は、ドラム水位を常用水位に保つようにするもので単要素式、二要素式、三要素式があります。

▶テキストP.067、P.099

1　水位制御は、負荷の変動に応じて給水量を調節するものです。　〇

2　単要素式は、水位だけを検出し、その変化に応じて給水量を調節する方式です。　〇

3　二要素式は、水位と蒸気流量を検出し、その変化に応じて給水量を調節する方式です。　〇

4　電極式水位検出器は、蒸気の凝縮によって検出筒内部の水の純度が高くなると、正常に作動しなくなります。　〇

5　熱膨張管式水位調整装置は、蒸気と水の量の違いによる熱膨張管の温度変化から生じる伸縮を利用した構造（比例動作）で、水位と蒸気流量の二要素式になります。　✕

問 056 ボイラーの圧力制御機器について、誤っているものは次のうちどれか。

重要度 ★★

1 比例式蒸気圧力調節器は、一般に、コントロールモータとの組合せにより、比例動作によって蒸気圧力の調節を行う。

2 比例式蒸気圧力調節器では、比例帯の設定を行う。

3 オンオフ式蒸気圧力調節器（電気式）は、水を入れたサイホン管を用いてボイラーに取り付ける。

4 蒸気圧力制限器は、ボイラーの蒸気圧力が異常に上昇した場合などに、直ちに燃料の供給を遮断するものである。

5 蒸気圧力制限器には、一般に比例式圧力調節器が用いられている。

（令和元年度／前期／問 9）

問 057 温水ボイラーの温度制御に用いるオンオフ式温度調節器（電気式）について、誤っているものは次のうちどれか。

重要度 ★★

1 温度調節器は、調節器本体、感温体及びこれらを連結する導管で構成される。

2 感温体内の液体は、温度の上昇・下降によって膨張・収縮し、ベローズやダイヤフラムの変位により、マイクロスイッチを開閉させる。

3 感温体は、ボイラー本体に直接取り付けるか、又は保護管を用いて取り付ける。

4 保護管を用いて感温体を取り付ける場合は、保護管内にシリコングリスを挿入してはならない。

5 温度調節器は、一般に、調節温度及び動作すき間の設定を行う。

（令和元年度／後期／問 9）

問 056 **ポイント** 圧力制限器は圧力が異常に上昇または低下した場合などに、直ちに燃料の供給を遮断して安全を確保する装置のため、即応性のあるオンオフ式が用いられます。

正解 5

▶テキストP.101

1 比例式蒸気圧力調節器は、一般に、コントロールモータとの組合せにより、比例動作によって蒸気圧力の調節を行います。 ○

2 比例式蒸気圧力調節器では、比例帯の設定を行います。 ○

3 オンオフ式蒸気圧力調節器（電気式）は、水を入れたサイホン管を用いてボイラーに取り付けます。 ○

4 蒸気圧力制限器は、ボイラーの蒸気圧力が異常に上昇した場合などに、直ちに燃料の供給を遮断するものです。 ○

5 蒸気圧力制限器には、一般にオンオフ式圧力調節器が用いられています。 ✕

問 057 **ポイント** 感温体を保護管を用いて取り付ける場合は、感度を良くするためシリコングリースなどを挿入します。

正解 4

▶テキストP.102

1 温度調節器は、調節器本体、感温体およびこれらを連結する導管で構成されます。 ○

2 感温体内の液体は、温度の上昇・下降によって膨張・収縮し、ベローズやダイヤフラムの変位により、マイクロスイッチを開閉させます。 ○

3 感温体は、ボイラー本体に直接取り付けるか、または保護管を用いて取り付けます。 ○

4 保護管を用いて感温体を取り付ける場合は、保護管内にシリコングリースを挿入します。 ✕

5 温度調節器は、一般に、調節温度および動作すき間の設定を行います。 ○

ボイラーのシーケンス制御回路に使用される電気部品について、誤っているものは次のうちどれか。

重要度
★★

1 電磁継電器は、コイルに電流が流れて鉄心が励磁され、吸着片を引き付けることによって接点を切り替える。

2 電磁継電器のブレーク接点（b接点）は、コイルに電流が流れると閉となり、電流が流れないと開となる。

3 電磁継電器のブレーク接点（b接点）を用いることによって、入力信号に対して出力信号を反転させることができる。

4 タイマは、適当な時間の遅れをとって接点を開閉するリレーで、シーケンス回路によって行う自動制御回路に多く利用される。

5 リミットスイッチは、物体の位置を検出し、その位置に応じた制御動作を行うために用いられるもので、マイクロスイッチや近接スイッチがある。

（令和 2 年度／前期／問 9）

油だきボイラーの自動制御用機器とその構成（関連）部分との組合せとして、適切でないものは次のうちどれか。

重要度
★★

機器	構成（関連）部分
1 主安全制御器	安全スイッチ
2 燃料油用遮断弁	プランジャ
3 点火装置	サーモスタット
4 蒸気圧力調節器	ベローズ
5 燃料調節弁	コントロールモータ

（令和 4 年度／前期／問 5）

問 058 ▶ポイント 電磁継電器は、通電すると固定接点が吸着され、メイク接点 **正解 2**
（a接点）が「閉」、ブレーク接点（b接点）が「開」になり
ます。電流が断たれると逆になります。　▶テキストP.097

1 電磁継電器は、コイルに電流が流れて鉄心が励磁され、吸着片を引き付　○
けることによって**接点を切り替えます**。

2 電磁継電器のブレーク接点（b接点）は、コイルに電流が流れると開と　×
なり、電流が流れないと閉となります。

3 電磁継電器のブレーク接点（b接点）を用いることによって、入力信号　○
に対して出力信号を**反転**させることができます。

4 **タイマ**は、適当な**時間の遅れ**をとって接点を開閉するリレーで、シーケ　○
ンス回路によって行う自動制御回路に多く利用されます。

5 **リミットスイッチ**は、物体の位置を検出し、その位置に応じた制御動作　○
を行うために用いられるもので、**マイクロスイッチ**や**近接スイッチ**があ
ります。

問 059 ▶ポイント 機器と構成（関連）部分との組合せは時々出題されます。そ **正解 3**
れぞれの機器における構成を掴んでおきましょう。

▶テキストP.105

1 **安全スイッチ**は、主安全制御器の構成部分です。　　　　　　　　　　　○

2 **プランジャ**は、燃料油用遮断弁の構成部分です。　　　　　　　　　　　○

3 **サーモスタット**は、点火装置の**構成部分ではありません**。サーモスタッ　×
トとは、バイメタルなどを用いた温度調節器です。

4 **ベローズ**は、蒸気圧力調節器の構成部分です。　　　　　　　　　　　　○

5 **コントロールモータ**は、燃料調節弁の構成部分です。　　　　　　　　　○

✍学習法

自動制御からの出題

自動制御から1問は必ず出題されるでしょう。幅が広いので、テキストで要点を掴
んで多くの問題を解くことにより確認していきましょう。

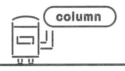

ボイラー技士の仕事と種類

　ボイラー技士はボイラーを使って、温水や蒸気を作る仕事です。温水は、家庭用の給湯用ボイラーもありますが、免許が必要な大型のボイラーでは、ビルや大型施設などの給湯用が主になります。蒸気は、低圧用であれば病院などの冷暖房などの空調用や食品関連の殺菌などで使用され、高圧用であれば工場や発電所など、さまざまな施設で幅広く使用されます。

　ボイラー技士免許があれば、工場や空調設備のある場所なら日本全国どこでも活躍できます。建物関係の管理業務専門の会社も増えており、有資格者のニーズは高い水準を保っています。

　ボイラー技士は機械の管理・点検が主な仕事で肉体的な負担も軽く、一度資格を取ってしまえば書き替えの必要がない終身資格です。将来の生活設計に活かせて、定年後の再就職にもピッタリです。

　ビル管理関連の会社などを中心に就職・転職の武器にもなり、再就職に役立つ工業系資格では第１位です。

“ 重要過去問 ”

第2章

ボイラーの取扱いに関する知識

第2章では、ボイラー自体の取扱いだけでなく、附属品
や安全装置などの取扱いに関する問題も出題されます。
ボイラーを安全に効率よく使うためにはどうしたらよい
かが問われます。

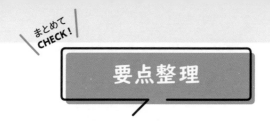

要点整理

日常運転の起動前の準備

▶本文P.96〜99　▶テキストP.118〜119

・日常運転の起動前には、下記の項目について点検を行わなければなりません。

● 点検する装置と内容

装置	点検内容
圧力計、水高計	指針が0になっているか。 サイホン管に水が入っているか。 連絡管の途中の止め弁の開閉状態の異常はないか。
水面測定装置	2組の水面計の水位が同一になっているか。 ガラス水面計のコックが軽く動く程度にナットを締めているか。 連絡管の途中の止め弁の開閉状態の異常はないか。
ばね式安全弁	調節が完全に行われていることを確認し、整備が完全に行われているか、 排水管または排水管の取付け状態の異常はないか。 ばね式安全弁は定められた目印より軽く締め付けたか。
逃がし弁	調節が完全に行われていることを確認し、整備が完全に行われているか、 排気管または排水管の取付け状態の異常はないか。
逃がし管	閉そくしていないか、凍結防止対策が十分であるか。
主蒸気弁	一度開いてから軽く閉じたか。
空気抜き弁	蒸気が発生するまで開けたか。
吹出し装置	グランドパッキン部に増し締めできる余裕があるか。 起動前に吹出しを行ったか。
給水系統	水量が十分にあるか。 自動給水装置の機能の異常はないか。 給水管の途中の止め弁の開閉状態の異常はないか。
ダンパ	ダンパを全開にして換気を十分に行ったか。
燃焼装置	燃焼が適正であるか。

点火

▶本文P.100〜103　▶テキストP.120〜121

油だきボイラーの点火方法

①ダンパを全開にしてプレパージを行い、残存ガスを排出します。

②ダンパの開度を調整して炉内の通風力を調節します。

③点火用火種をバーナの先端のやや前方下部に入れます。

④噴霧用蒸気または空気をバーナから噴射させます。

⑤燃料弁を徐々に開きます。

※ B重油またはC重油は粘度が高いため、予熱する必要があります。予熱温度は、B重油は50〜60℃、C重油は80〜105℃です。

ガスだきボイラーの点火時の注意事項

①継手部分などに石鹸水〈スヌープ〉を塗布し、ガス漏れの点検を行います。

②ガス圧が適正であり、安定していることを確認します。

③点火用火種は火力の大きなものを使用します。

④換気を十分に行います。

⑤着火後、燃焼不安定なときは直ちに燃料供給を止めます。

たき始めの注意事項

▶本文P.104〜107　▶テキストP.122

● 圧力上昇時の点検項目

装置	点検内容
空気抜き弁	運転前は、ボイラー水面より上部の空間に空気がある。空気抜き弁を開けておくと、たき始めに蒸気が発生し、蒸気圧力でこの弁から空気が押し出される。蒸気が出てきたら、弁を閉じる。
圧力計	背面を軽くたたくなどして機能の良否を確認する。
吹出し装置	ボイラー水の膨張により水位が上昇するので、圧力が上昇し始めたら吹出しを行う。吹出し弁を閉じた後のボイラー水の漏れは、弁から先の管に手を触れて確認する。熱ければ漏れている証拠である。
水面計	水位がかすかに上下していることを確認する。2組以上ある場合は、2組の水位が同一の位置にあるか確認する。
漏れの点検と増し締め	締め具合が軽い場合は増し締めを行う。

ボイラー運転中の取扱い

▶本文 P.104〜109　▶テキスト P.122〜125

圧力上昇中の取扱い

・安全弁の機能確認は、蒸気圧力が安全弁の調整圧力の75％に達したらテストレバーを上げて、蒸気が吹き出すことを確認します。

・安全弁の吹出し圧力の調整は、まず設定圧力以下で吹出しを行い、徐々に圧力を上げて設定圧力で吹き出すように調整します。

・送気始めの蒸気弁の開け方は、まず、ドレン弁を全開してドレンを排除します。次に、主蒸気弁をわずかに開いて少量の蒸気を通し、蒸気管を温める暖管操作を行い、主蒸気弁を徐々に開いて全開にします。

運転中の取扱い

・運転中は、ボイラー内の水位および圧力を一定に保持するとともに、常に燃焼の調節に努めることが重要です。

・燃焼調節を行ううえで注意することは以下の通りです。

　①燃焼は急激に増減しない。また、無理だきをしない。

　②燃焼量を増やすときは、空気量 ⇒ 燃料量 の順に増やす。

　③燃焼量を減らすときは、燃料量 ⇒ 空気量 の順に減らす。

　④火炎がボイラー本体やれんが壁に直接衝突しないようにする。

　⑤炉内への不必要な空気の浸入を防ぎ、炉内を高温度に保つ。

　⑥燃焼用空気量の過不足は、燃焼ガス計測器から、CO_2、CO または O_2 の値を知り、判断する。また、炎の形や色によっても判断できるので、常に炎の状態を監視する。

運転中の障害とその対策

▶本文 P.110〜119　▶テキスト P.126〜132

非常停止時の処置

・燃焼中の断火・滅火や低水位などの異常事態時には、まずは燃料弁を閉じ、炉内換気（ポストパージ）をしてから運転停止をします（通常消火時も同様）。原因究明や損傷の有無を確認後、問題が解消されれば手動で再点火します（自動復帰はあり得ません）。

キャリオーバ

・プライミングやホーミングなどにより、水中に固形物や水滴が蒸気に混じってボイラー外に運び出される現象をキャリオーバといいます。

・キャリオーバが発生すると、水位が急激に低下して、低水位事故を起こしやすくなったり、ウォータハンマを起こしたりします。

・キャリオーバの処置は、主蒸気弁を絞り負荷を下げて水面計が安定するのを待ったり、吹き出しと給水を繰り返して不純物の濃度を下げたりします。

逆火およびガス爆発など異常の主な原因

・逆火やガス爆発の原因には、炉内の通風力不足、点火時の着火遅れ、空気より先に燃料を供給、火種を使わず火炎で次のバーナに点火などがあります。

・油だきボイラーの燃焼中に火炎の中に火花が生じる原因は、油温度および燃焼用空気温度が低い、通風が強すぎる、噴霧粒径が大きい、などです。

水面測定装置

▶本文P.122〜127　▶テキストP.137〜141

・水面測定装置は原則、同時に見えるように2組以上取り付けます。2組の水位は同一で、運転中は常にかすかに上下に揺れていれば正常です。

・水面計は、運転中に原則1日1回以上、機能の点検をしなければなりません。

・水柱管の水側連絡管は、水柱管に向かって上り勾配とし、水柱管は1日に1回以上吹出しを行います。

● 水面計の取り付け方法

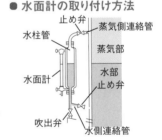

圧力計および水高計

▶テキストP.142〜143

・ブルドン管内に80℃以上の蒸気が直接入らないようにボイラーとの連絡管にはサイホン管を用い、管内に水を入れておきます。

・サイホン管の垂直部にはコックを取り付け、コックのハンドルが管軸と同一方向のときに開通する構造にします。

・最高目盛は、最高使用圧力の1.5〜3倍のものでなければなりません。

・最高使用圧力には適切な表示（通常は赤）をしなければなりません。

安全弁

▶本文P.128〜133　▶テキストP.144〜146

取扱い上の注意

・安全弁が蒸気を吹いたときは、そのときの圧力計の指示圧力が設定圧力と一致しているかを確認します。

・蒸気漏れの際に、漏れを抑えるためにばね式安全弁のばねを締め付けてはなりません。試験用レバーがある場合には、レバーを動かして弁と弁座の当たりを変えてみます。

・設定圧力になっても吹かない場合は、試験用レバーがあるときは動かして蒸気を吹かせた後、再び設定圧力で吹くかを確認します。

調整および試験

・吹出し圧力が設定よりも低い場合は、圧力を設定圧力の80％程度まで下げ、調整ボルトを締めながら吹出し圧力を上昇させて設定圧力に調整します。

・圧力が設定圧力になっても安全弁が動作しない場合は、直ちにボイラーの圧力を設定圧力の80％程度まで下げ、調整ボルトを緩めて再度試験します。

・安全弁が2個以上ある場合、1個の安全弁を最高使用圧力以下で作動するように調整したときは、他の安全弁を最高使用圧力の3％増し以下で作動するように調整できます。

・安全弁が、本体以外に過熱器とエコノマイザにある場合の調整する順番は、一番低い圧力が過熱器で、次に本体、一番高い圧力がエコノマイザになるように調整します。

吹き出す順序： 過熱器 ⇒ 本体 ⇒ エコノマイザ

・手動試験を行うときは、最高使用圧力の75％以上の圧力で行います。

間欠吹出し装置

▶本文P.134〜135　▶テキストP.147〜148

・間欠吹出しは、ボイラー水の落ち着いている運転前や運転終了後、または運転中は負荷の軽いときに、適宜、行うようにします。

・1人で同時に2基以上のボイラーの吹出しは行ってはいけません。

・吹出し作業が終わるまでは、他の作業を行ってはいけません。

・水冷壁と鋳鉄製ボイラーの吹出しは、運転中には行いません。

・ボイラー水全部の吹出しを行う場合は、圧力がなくなり水温が90℃以下になってから行います。

・吹出し作業終了後は、水漏れや異常の有無を点検します。

● 間欠吹出し装置の操作方法

　　　　　　　　　＜急開弁＞　　　　＜漸開弁＞

①吹出し開始時：｜急開弁｜全開　⇒　｜漸開弁｜徐々に開く

②吹出し閉止時：｜漸開弁｜全閉　⇒　｜急開弁｜全閉

給水装置

▶本文P.136〜137　▶テキストP.149〜150

・ディフューザポンプのグランドパッキンシール式の軸では、運転中に少量の水が滴下する程度にパッキンを締めておきます。

・ディフューザポンプのメカニカルシール式の軸については、水漏れがないことを確認します。

・運転する前に、ポンプ内およびポンプ前後の配管内の空気を抜いておきます。

● ディフューザポンプの起動手順

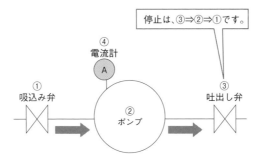

停止は、③⇒②⇒①です。

④
電流計
A

①
吸込み弁

②
ポンプ

③
吐出し弁

清掃

ボイラーの冷却方法

・通常の運転停止後、自然通風の場合はダンパを半開きとし炉内を冷却します。

・圧力が0になってから給水弁と蒸気弁を閉じ、空気抜き弁等を開いてボイラー内に空気を送り込み、内部が真空になることを防ぎます。

・排水がフラッシュしないように、ボイラー水の温度が90℃以下になってから、吹出し弁を開いてボイラー水を排出します。

ボイラー内に入るときの注意点

・ボイラー内に入るときは、内部を十分に換気します。

・他のボイラーとの連絡を断ち、外部に監視者を配置します。

・照明に使用する電灯は安全ガード付きのものを使用し、移動用電線はキャブタイヤケーブルまたはこれと同等以上の絶縁効力および強度のあるものを使用します。

内面清掃（酸洗浄法）

・内面清掃（水接触側）の目的は、スケールやスラッジの除去です。

・内面清掃の酸洗浄法は、主に塩酸（5〜10％）を使用し、腐食抑制剤（インヒビタ）を添加します。

・酸洗浄の工程は、前処理⇒水洗⇒酸洗浄⇒水洗⇒中和防錆処理になります。

・酸洗浄作業中は、水素が発生するので、火気厳禁とします。

外面清掃

・外面清掃（燃焼ガス接触側）の目的は、すすや灰の除去です。

・外面清掃作業は、主として工具を使用した機械的清掃法により行われます。

・取りにくいすすなどに対しては、高圧空気や高圧蒸気を吹き付けて除去するスートブロワ（すす吹き）を行います。

新設ボイラーの使用前の措置（アルカリ洗浄）

・新設ボイラーまたは大規模な修繕を行ったボイラーにおいて、ボイラー内面に付着し

ている油脂やペンキ類およびミルスケールなどを、アルカリ水溶液で除去するアルカリ洗浄（ソーダ煮）を行います。

休止中の保存法

▶本文P.144〜145　▶テキストP.161〜162

・乾燥保存法は、休止期間が長期にわたる場合、または、凍結のおそれがある場合に採用されます。

・満水保存法は、休止期間が3か月程度以内の場合、または、緊急の使用に備えて休止する場合に採用されます。ただし、凍結のおそれがある場合には採用してはいけません。

水に関する用語と単位

▶本文P.148〜149　▶テキストP.173〜174

・酸消費量は、水中に含まれる水酸化物、炭酸塩、炭酸水素塩などのアルカリ分を炭酸カルシウム（$CaCO_3$）に換算して試料1L中のmg数で表したもので、酸消費量（pH4.8）と酸消費量（pH8.3）があります。

・硬度とは、水中のカルシウムイオンまたはマグネシウムイオンを、炭酸カルシウムの量に換算して試料1L中のmg数で表したものです。

補給水処理

▶本文P.150〜155　▶テキストP.177〜181

・脱気とは、給水中に溶存している酸素や二酸化炭素を除去することで、物理的脱気法（機械的脱気法）と化学的脱気法があります。

・清缶剤を使用する主な目的は、硬度成分の軟化と、pHおよび酸消費量の調整や脱酸素をすることです。

・脱酸素剤には、タンニン、ヒドラジン、亜硫酸ナトリウムがあります。

・単純軟化法は、強酸性陽イオン交換樹脂を充塡したNa塔に給水を通過させ、水の硬度成分であるカルシウムおよびマグネシウムを樹脂に吸着させて樹脂のナトリウムと置換させる方法です。この過程を軟化といいます。

使用前の準備

問001 ボイラーの点火前の点検・準備について、誤っているものは次のうちどれか。

重要度
★★★

1 水面計によってボイラー水位が低いことを確認したときは、給水を行って常用水位に調整する。

2 験水コックがある場合には、水部にあるコックを開けて、水が噴き出すことを確認する。

3 圧力計の指針の位置を点検し、残針がある場合は予備の圧力計と取り替える。

4 水位を上下して水位検出器の機能を試験し、給水ポンプが設定水位の上限において、正確に起動することを確認する。

5 煙道の各ダンパを全開にしてファンを運転し、炉及び煙道内の換気を行う。

(令和2年度／後期／問20)

問002 ボイラーの点火前の点検・準備について、適切でないものは次のうちどれか。

重要度
★★★

1 液体燃料の場合は油タンク内の油量を、ガス燃料の場合はガス圧力を調べ、適正であることを確認する。

2 験水コックがある場合には、水部にあるコックを開けて、水が噴き出すことを確認する。

3 圧力計の指針の位置を点検し、残針がある場合は予備の圧力計と取り替える。

4 給水タンク内の貯水量を点検し、十分な水量があることを確認する。

5 炉及び煙道内の換気は、煙道の各ダンパを半開にしてファンを運転し、徐々に行う。

(令和3年度／後期／問20)

問 001 ポイント 水位検出器は、水位が上限において給水ポンプを停止、下限において給水ポンプを起動します。 ▶テキストP.066、P.119

正解 **4**

1 水面計によってボイラー水位が低いことを確認したときは、給水を行って常用水位に調整します。 ○

2 験水コックがある場合には、水部にあるコックを開けて、水が噴き出すことを確認します。 ○

3 圧力計の指針の位置を点検し、残針がある場合は予備の圧力計と取り替えます。 ○

4 水位を上下して水位検出器の機能を試験し、給水ポンプが設定水位の上限において、正確に停止することを確認します。 ×

5 煙道の各ダンパを全開にしてファンを運転し、炉および煙道内の換気を行います。 ○

問 002 ポイント 点火前に残存ガスを排出して逆火やガス爆発を防止します。これをプレパージといいます。 ▶テキストP.119

正解 **5**

1 液体燃料の場合は油タンク内の油量を、ガス燃料の場合はガス圧力を調べ、適正であることを確認します。 ○

2 験水コックがある場合には、水部にあるコックを開けて、水が噴き出すことを確認します。 ○

3 圧力計の指針の位置を点検し、残針がある場合は予備の圧力計と取り替えます。 ○

4 給水タンク内の貯水量を点検し、十分な水量があることを確認します。 ○

5 点火前の炉および煙道内の換気は、各ダンパを全開にしてファンを運転（プレパージ）し、換気を十分に行います。 ×

重要度
★★★

ボイラーをたき始めるときの、各種の弁又はコックとその開閉の組合せとして、誤っているものは次のうちどれか。

1 主蒸気弁 ……………………………………………… 閉
2 水面計とボイラー間の連絡管の弁又はコック ……… 開
3 胴の空気抜弁 ………………………………………… 閉
4 吹出し弁又は吹出しコック ………………………… 閉
5 給水管路の弁 ………………………………………… 開

（令和4年度／前期／問14）

問004

重要度
★★★

ボイラーの点火前の点検・準備に関するAからDまでの記述で、正しいもののみを全て挙げた組合せは、次のうちどれか。

A 水面計によってボイラー水位が高いことを確認したときは、吹出しを行って常用水位に調整する。
B 水位を上下して水位検出器の機能を試験し、設定された水位の上限において、正確に給水ポンプが起動することを確認する。
C 験水コックがある場合には、水部にあるコックから水が出ないことを確認する。
D 煙道の各ダンパを全開にして、プレパージを行う。

1 A，B，D
2 A，C
3 A，C，D
4 A，D
5 B，D

（令和4年度／後期／問17）

問 003 **ポイント** たき始めるときの弁またはコックの開閉状態を誤るとさまざまな事故につながる場合があるため、しっかりと押さえておきましょう。 ▶テキストP.119

1 主蒸気弁は閉めておきます。 ○

2 水面計とボイラー間の連絡管の弁またはコックは開いておきます。 ○

3 点火前のボイラー本体内部の上部には空気があり、それを抜くために空気抜き弁は開けておきます。運転開始後、蒸気の圧力により空気が押し出され、蒸気が出てきたら閉めます。 ×

4 吹出し弁または吹出しコックは閉めておきます。 ○

5 給水管路の弁は開いておきます。 ○

問 004 **ポイント** 験水コックがある場合には、水部にあるコックを開けて、水が出ることを確認しなければなりません。

▶テキストP.119、P.140

A 水面計によってボイラー水位が高いことを確認したときは、吹出しを行って常用水位に調整します。 ○

B 水位を上下して水位検出器の機能を試験し、設定された水位の上限において、正確に給水ポンプが停止することを確認します。 ×

C 験水コックがある場合には、水部にあるコックを開けて、水が出ることを確認します。 ×

D 煙道の各ダンパを全開にして、プレパージを行います。 ○

問005

重要度
★★★

□□□

油だきボイラーの手動操作による点火について、誤っているものは次のうちどれか。

1 ファンを運転し、ダンパをプレパージの位置に設定して換気した後、ダンパを点火位置に合わせ、炉内通風圧を調節する。

2 点火前に、回転式バーナではバーナモータを起動し、蒸気噴霧式バーナでは噴霧用蒸気を噴射させる。

3 バーナが2基以上ある場合の点火は、初めに1基のバーナに点火し、燃焼が安定してから他のバーナにも点火する。

4 燃料の種類及び燃焼室熱負荷の大小に応じて、燃料弁を開いてから2〜5秒間の点火制限時間内に着火させる。

5 着火後、燃焼状態が不安定なときは、直ちにダンパを全開し、炉内を換気してから燃料弁を閉じる。

(平成30年度／後期／問11)

問006

重要度
★★★

□□□

ガスだきボイラーの手動操作による点火について、誤っているものは次のうちどれか。

1 ガス圧力が加わっている継手、コック及び弁は、ガス漏れ検出器の使用又は検出液の塗布によりガス漏れの有無を点検する。

2 通風装置により、炉内及び煙道を十分な空気量でプレパージする。

3 バーナが上下に2基配置されている場合は、上方のバーナから点火する。

4 燃料弁を開いてから点火制限時間内に着火しないときは、直ちに燃料弁を閉じ、炉内を換気する。

5 着火後、燃焼が不安定なときは、直ちに燃料の供給を止める。

(令和2年度／前期／問14)

問005 **ポイント** 点火操作は順序よく正しく行わないと、逆火や爆発を起こす危険があります。点火順序は必ず押さえましょう。

正解 5

▶テキストP.120、P.126

1 ファンを運転し、ダンパをプレパージの位置に設定して換気した後、ダンパを点火位置に合わせ、炉内通風圧を調節します。 ○

2 点火前に、回転式バーナではバーナモータを起動し、蒸気噴霧式バーナでは噴霧用蒸気を噴射させます。 ○

3 バーナが2基以上ある場合の点火は、初めに1基のバーナに点火し、燃焼が安定してから他のバーナにも点火します。 ○

4 燃料の種類および燃焼室熱負荷の大小に応じて、燃料弁を開いてから2〜5秒間の点火制限時間内に着火させます。 ○

5 燃焼状態が不安定なときは、まず燃料弁を閉じ、ダンパを全開の状態で十分に換気をしてから原因究明などを行います。 ✕

問006 **ポイント** 点火の手順は、ダンパ「全開」→プレパージ→点火用火種→燃焼用空気→燃料弁「開」になります。

正解 3

▶テキストP.121

1 ガス圧力が加わっている継手、コックおよび弁は、ガス漏れ検出器の使用または検出液の塗布によりガス漏れの有無を点検します。 ○

2 通風装置により、炉内および煙道を十分な空気量でプレパージします。 ○

3 バーナが2基以上ある場合は、1基に点火し安定後に他のバーナへ点火します。バーナが上下に配置されている場合は、下方のバーナから点火します。 ✕

4 燃料弁を開いてから点火制限時間内に着火しないときは、直ちに燃料弁を閉じ、炉内を換気します。 ○

5 着火後、燃焼が不安定なときは、直ちに燃料の供給を止めます。 ○

問 007　油だきボイラーの点火時に逆火が発生する原因となる場合として、最も適切でないものは次のうちどれか。

重要度
★★

1　煙道ダンパの開度が不足しているとき。

2　点火の際に着火遅れが生じたとき。

3　点火用バーナの燃料の圧力が低下しているとき。

4　煙道内に、すすの堆積が多いとき又は未燃ガスが多く滞留しているとき。

5　複数のバーナを有するボイラーで、燃焼中のバーナの火炎を利用して次のバーナに点火したとき。

（令和元年度／後期／問16）

問 008　ガスだきボイラーの点火前の準備、点火方法について、誤っているものは次のうちどれか。

重要度
★★

1　ガス圧力が加わっている継手、コック及び弁は、ガス漏れ検出器又は検出液の塗布によりガス漏れの有無を点検する。

2　点火用燃料のガス圧力が低下していると、点火炎が短炎となり、点火遅れによる逆火を引き起こすおそれがあるので、ガス圧力を確認する。

3　炉内及び煙道の換気を十分な空気量で行う。

4　点火用火種は、できるだけ火力の小さなものを使用する。

5　主バーナが点火制限時間内に着火するかを確認し、着火しないときは直ちに燃料弁を閉じ、炉内を換気する。

（平成24年度／前期／問11）

問 007 ポイント 逆火が発生する原因を理解し、対策した上で点火が安定するように操作します。 ▶テキストP.131

正解 4

1 煙道ダンパの開度が**不足**しているときは、逆火が発生する原因となります。 ◯

2 点火の際に**着火遅れ**が生じたときは、逆火が発生する原因となります。 ◯

3 点火用バーナの燃料の圧力が**低下**しているときは、逆火が発生する原因となります。 ◯

4 すすの堆積は直接の**原因にはなりません**。 ✕

5 複数のバーナを有するボイラーで、燃焼中の**バーナの火炎**を利用して次のバーナに点火したときは、逆火が発生する原因となります。 ◯

問 008 ポイント ガスだきボイラーでは、点火の際のガス爆発の危険性が高くなるので、ガス漏れの有無の確認や点火用火種は大きな物を使うなど注意が必要です。 ▶テキストP.121

正解 4

1 ガス圧力が加わっている継手、コックおよび弁は、ガス漏れ検出器または検出液の塗布により**ガス漏れの有無**を点検します。 ◯

2 点火用燃料のガス圧力が**低下**していると、点火炎が**短炎**となり、**点火遅れ**による逆火を引き起こすおそれがあるので、ガス圧力を確認します。 ◯

3 炉内および煙道の**換気**を十分な空気量で行います。 ◯

4 点火用火種は、できるだけ火力の**大きな**ものを使用します。 ✕

5 主バーナが点火制限時間内に着火するかを確認し、着火しないときは直ちに燃料弁を**閉じ**、炉内を**換気**します。 ◯

Point

点火に関する出題

点火時に、逆火や爆発などの事故の危険性が大きくなります。正しい点火の順番や注意点が問われますので、しっかりと押さえておきましょう。

03

問 **009**

重要度
★★

☐☐☐

ボイラーのたき始めに燃焼量を急激に増加させてはならない理由として、適切なものは次のうちどれか。

1 高温腐食を起こさないため。

2 局部腐食によるピッチングを発生させないため。

3 急熱によるクラックや漏れを発生させないため。

4 ホーミングを起こさないため。

5 スートファイヤを起こさないため。

（平成30年度／後期／問18）

問 **010**

重要度
★★★

☐☐☐

油だきボイラーの燃焼の維持及び調節について、誤っているものは次のうちどれか。

1 燃焼室の温度は、原則として燃料を完全燃焼させるため、高温に保つ。

2 蒸気圧力又は温水温度を一定に保つように、負荷の変動に応じて燃焼量を増減する。

3 燃焼量を増すときは、燃料供給量を先に増してから燃焼用空気量を増す。

4 燃焼用空気量の過不足は、計測して得た燃焼ガス中のCO_2、CO又はO_2の濃度により判断する。

5 燃焼用空気量が多い場合には、炎は短い輝白色で、炉内が明るい。

（令和4年度／前期／問19）

問 009 ▶ポイント たき始めは、本体に負担がかからないように徐々に燃焼量を
増しながら、安定した運転を心掛けます。

正解 **3**

▶テキストP.122、P.170

ボイラーのたき始めに燃焼量を急激に増加させると、ボイラー本体の不同
膨張を起こし、また、クラックや亀裂が生じ漏れの原因になります。

問 010 ▶ポイント 燃焼調節の注意事項は、無理だきをしないこと、火炎をボイ
ラー本体や炉壁に直接衝突させないこと、炉内を高温度に保
つことです。

正解 **3**

▶テキストP.125

1 燃焼室の温度は、原則として燃料を完全燃焼させるため、高温に保ちま
す。 ○

2 蒸気圧力または温水温度を一定に保つように、負荷の変動に応じて燃焼
量を増減します。 ○

3 燃焼量を増すときは、燃焼用空気量を先に増やし、燃焼量の減少は燃料
供給量を先に減らします。 ×

4 燃焼用空気量の過不足は計測して得た燃焼ガス中のCO_2、COまたは
O_2の濃度や炎の形や色により判断します。 ○

5 燃焼用空気量が多い場合には、炎は短い輝白色で、炉内が明るくなりま
す。 ○

🔍 Point

たき始めの燃焼量

ボイラーをたき始めるときは、不同膨張を起こさないように徐々に燃焼量を増やし、
安定してからはなるべく燃焼量を高温に保ちます。また燃焼の安定した維持のため、
炎の色や形、あるいはCO、CO_2、O_2の濃度により判断しながら燃焼の調節を行い
ます。

問 011 ボイラーの蒸気圧力上昇時の取扱いについて、誤っているものは次のうちどれか。

重要度
★★★

1 常温の水からたき始める場合には、燃焼量を急速に増し、速やかに所定の蒸気圧力まで上昇させるようにする。

2 ボイラーをたき始めるとボイラー水の膨張により水位が上昇するので、2個の水面計の水位の動き具合に注意する。

3 蒸気が発生し始め、白色の蒸気の放出を確認してから、空気抜弁を閉じる。

4 圧力計の指針の動きが円滑でなく、機能に低下のおそれがあるときは、圧力が加わっているときでも圧力計の下部のコックを閉め、予備の圧力計と取り替える。

5 整備した直後のボイラーでは、使用開始後にマンホール、掃除穴などの蓋取付け部は、漏れの有無にかかわらず、昇圧中や昇圧後に増し締めを行う。

（令和元年度／後期／問14）

問 012 ボイラーの蒸気圧力上昇時の取扱いについて、誤っているものは次のうちどれか。

重要度
★★★

1 点火後は、ボイラー本体に大きな温度差を生じさせないように、かつ、局部的な過熱を生じさせないように時間をかけ、徐々に昇圧する。

2 ボイラーをたき始めるとボイラー本体の膨張により水位が下がるので、給水を行い常用水位に戻す。

3 蒸気が発生し始め、白色の蒸気の放出を確認してから、空気抜弁を閉じる。

4 圧力計の指針の動きを注視し、圧力の上昇度合いに応じて燃焼を加減する。

5 圧力計の指針の動きが円滑でなく機能の低下のおそれがあるときは、圧力が加わっているときでも圧力計の下部のコックを閉め、予備の圧力計と取り替える。

（令和2年度／前期／問20）

問011 **ポイント** 蒸気圧力上昇時の燃焼、水位、蒸気、各計器の状態や対応を押さえておきましょう。　▶テキストP.122、P.170

正解 1

1 ボイラーのたき始めの燃焼量を急速に増加させると、ボイラー本体の**不同膨張**を起こし、亀裂やグルービングなどを起こすため急激な燃焼は行ってはいけません。　×

2 ボイラーをたき始めるとボイラー水の膨張により水位が**上昇**するので、2個の水面計の水位の動き具合に注意します。　○

3 蒸気が発生し始め、白色の蒸気の放出を確認してから、**空気抜弁**を閉じます。　○

4 圧力計の指針の動きが円滑でなく、機能に低下のおそれがあるときは、圧力が加わっているときでも圧力計の下部のコックを閉め、予備の圧力計と**取り替えます**。　○

5 整備した直後のボイラーでは、使用開始後にマンホール、掃除穴などの蓋取付け部は、漏れの有無にかかわらず、昇圧中や昇圧後に**増し締め**を行います。　○

問012 **ポイント** ボイラーをたき始めるとボイラー水の膨張により水位が上がるので、圧力が上昇し始めたら吹出しを行います。　▶テキストP.122

正解 2

1 点火後は、ボイラー本体に大きな温度差を生じさせないように、かつ、局部的な過熱を生じさせないように時間をかけ、**徐々**に昇圧します。　○

2 ボイラーをたき始めるとボイラー水の膨張により水位が**上がる**ので、吹出しを行い常用水位に戻します。　×

3 蒸気が発生し始め、白色の蒸気の放出を確認してから、**空気抜弁**を閉じます。　○

4 圧力計の指針の動きを注視し、圧力の上昇度合いに応じて燃焼を**加減**します。　○

5 圧力計の指針の動きが円滑でなく機能の低下のおそれがあるときは、圧力が加わっているときでも圧力計の下部のコックを閉め、予備の圧力計と**取り替えます**。　○

ボイラーの水位検出器の点検及び整備について、誤っているものは次のうちどれか。

1　フロート式では、1日に1回以上、フロート室のブローを行う。

2　電極式では、1日に1回以上、水の純度の上昇による電気伝導率の低下を防ぐため、検出筒内のブローを行う。

3　電極式では、1日に1回以上、ボイラー水の水位を上下させ、水位検出器の機能を確認する。

4　電極式では、1年に2回程度、検出筒を分解し、内部を掃除するとともに、電極棒を目の細かいサンドペーパーで磨く。

5　フロート式のマイクロスイッチ端子間の電気抵抗をテスターでチェックする場合、抵抗が、スイッチが閉のときは無限大で、開のときはゼロであることを確認する。

（令和元年度／後期／問19）

問 013 　ポイント　水位検出器は、機能を保持するため、1日に1回以上それぞれの方法で機能の点検を行います。　▶テキストP.066、P.098

正解 **5**

1　フロート式では、1日に1回以上、フロート室のブローを行います。　　○

2　電極式では、1日に1回以上、水の純度の上昇による電気伝導率の低下を防ぐため、検出筒内のブローを行います。　　○

3　電極式では、1日に1回以上、ボイラー水の水位を上下させ、水位検出器の機能を確認します。　　○

4　電極式では、1年に2回程度、検出筒を分解し、内部を掃除するとともに、電極棒を目の細かいサンドペーパーで磨きます。　　○

5　マイクロスイッチは、スイッチ「閉」のときゼロ、スイッチ「開」のとき無限大になります。　　×

Point

たき始めの注意事項

ボイラーをたき始めると、水の分子運動が活発になり、膨張により水位が上昇するので、水面計で水圧を確認しながら吹出しを行います。また、蒸気ボイラーの場合、たき始める前にボイラー内部の上面に空気があるため、空気抜き弁を開けておき、運転後、蒸気圧力で空気が押し出され、蒸気が出てきたら空気抜き弁を閉めます。

04 運転中の障害とその対策

問014 油だきボイラーが運転中に突然消火する原因に関するAからDまでの記述で、正しいもののみを全て挙げた組合せは、次のうちどれか。

重要度
★★★

A 蒸気（空気）噴霧式バーナの場合、噴霧蒸気（空気）の圧力が高すぎる。

B 燃料油の温度が低すぎる。

C 燃料油弁を絞りすぎる。

D 炉内温度が高すぎる。

  1 A，B

  2 A，B，C

  3 A，C

  4 B，C，D

  5 B，D

（令和3年度／前期／問14）

問015 ボイラーの燃焼安全装置の燃料油用遮断弁のうち、直接開閉形電磁弁の遮断機構の故障の原因となる場合として、適切でないものは次のうちどれか。

重要度
★★

1 燃料中の異物が弁にかみ込んでいる。

2 弁座が変形又は損傷している。

3 電磁コイルの絶縁性能が低下している。

4 バイメタルの接点が損傷している。

5 ばねが折損している。

（令和元年度／後期／問17）

問014 ポイント 蒸気（空気）噴霧式バーナの霧化媒体である噴霧蒸気（空気）の圧力が高すぎたり、燃料油の温度が低すぎると粘度が高く霧化不良となり燃焼できません。 ▶テキストP.126

正解 2

A 蒸気（空気）噴霧式バーナの場合、噴霧蒸気（空気）の圧力が高すぎることは、突然消火する原因となります。 ○

B 燃料油の温度が低すぎることは、突然消火する原因となります。 ○

C 燃料油弁を絞りすぎることは、突然消火する原因となります。 ○

D 炉内温度が高いのは正常です。 ✕

問015 ポイント 燃料油用遮断弁（燃料弁）は、即応性が要求されます。 ▶テキストP.126

正解 4

1 燃料中の異物が弁にかみ込んでいることは、遮断機構の故障の原因となります。 ○

2 弁座が変形または損傷していることは、遮断機構の故障の原因となります。 ○

3 電磁コイルの絶縁性能が低下していることは、遮断機構の故障の原因となります。 ○

4 バイメタルは即応性がないため燃料油用遮断弁には使用されません。 ✕

5 ばねが折損していることは、遮断機構の故障の原因となります。 ○

問016 ボイラー水位が安全低水面以下に異常低下する原因となる場合として、正しい
ものの みを全て挙げた組合せは、次のうちどれか。

重要度
★★★

A 気水分離器が閉塞している。

B 不純物により水面計が閉塞している。

C 吹出し装置の閉止が不完全である。

D 給水内管の穴が閉塞している。

 1 A，B
 2 A，B，C
 3 A，C，D
 4 B，C，D
 5 C，D

（令和元年度／前期／問16）

問017 ボイラー水位が安全低水面以下に異常低下する原因となる場合として、最も適
切でないものは次のうちどれか。

重要度
★★★

 1 蒸気を大量に消費した。

 2 不純物により水面計が閉塞している。

 3 吹出し装置の閉止が不完全である。

 4 蒸気トラップの機能が不良である。

 5 給水弁の操作を誤って閉止にした。

（令和元年度／後期／問15）

問 016 ポイント 不純物による水面計の閉塞、吹出し装置の閉止が不完全、給水内管の穴が閉塞、蒸気の急激な大量消費、自動給水装置や低水位燃料遮断装置の不作動などがあります。

正解 **4**

▶テキストP.126

A 気水分離器の閉塞は関係ありません。 ×
B 不純物により水面計が閉塞していることは、異常低下する原因となります。 ○
C 吹出し装置の閉止が不完全であることは、異常低下する原因となります。 ○
D 給水内管の穴が閉塞していることは、異常低下する原因となります。 ○

問 017 ポイント 水面の異常低下する原因として、水面計の監視不良、給水ポンプの故障、給水弁の誤操作や開け忘れなどがあります。

正解 **4**

▶テキストP.126

1 蒸気を大量に消費したことは、異常低下する原因となります。 ○
2 不純物により水面計が閉塞していることは、異常低下する原因となります。 ○
3 吹出し装置の閉止が不完全であることは、異常低下する原因となります。 ○
4 蒸気トラップの機能が不良であることは、水面の異常低下には関係ありません。 ×
5 給水弁の操作を誤って閉止にしたことは、異常低下する原因となります。 ○

問 018 ボイラー水位が安全低水面以下にあると気付いたときの措置として、誤っているものは次のうちどれか。

重要度
★★★

1 燃料の供給を止めて、燃焼を停止する。

2 換気を行い、炉を冷却する。

3 主蒸気弁を全開にして、蒸気圧力を下げる。

4 炉筒煙管ボイラーでは、水面が煙管のある位置より低下した場合は、給水を行わない。

5 ボイラーが冷却してから、原因及び各部の損傷の有無を調査する。

（令和 3 年度／後期／問16）

問 019 ボイラー水位が水面計以下にあると気付いたときの措置に関するAからDまでの記述で、正しいもののみを全て挙げた組合せは、次のうちどれか。

重要度
★★★

A 燃料の供給を止めて、燃焼を停止する。

B 炉内、煙道の換気を行う。

C 換気が完了したら、煙道ダンパは閉止しておく。

D 炉筒煙管ボイラーでは、水面が煙管のある位置より低下した場合は、徐々に給水を行い煙管を冷却する。

1 A，B

2 A，B，C

3 A，B，D

4 B，C

5 C，D

（令和 2 年度／後期／問16）

問 018　ポイント　水位が安全低水面以下にあると気付いたときの措置は、まず、燃料弁を閉じてダンパを全開状態で十分に換気を行います。

正解 **3**

▶テキストP.127

1　燃料の供給を**止めて**、燃焼を停止します。　　　　　○

2　**換気**を行い、炉を冷却します。　　　　　　　　　　○

3　主蒸気弁を**全閉**にして、蒸気圧力を下げます。主蒸気弁を全開にすると、蒸気が運び出され、さらに水位が下がるため行ってはいけません。　×

4　炉筒煙管ボイラーでは、水面が煙管のある位置より低下した場合は、給水を**行いません**。　　　　　　　　　　　　　　　　○

5　ボイラーが冷却してから、原因および各部の**損傷の有無**を調査します。　○

問 019　ポイント　まず、燃料弁を閉じてダンパを全開状態で十分に換気を行います。水面が煙管より低下した場合は、水面上に出ている伝熱面が急冷されるので給水を行いません。　▶テキストP.127

正解 **1**

A　燃料の供給を**止めて**、燃焼を停止します。　　　　　○

B　炉内、煙道の**換気**を行います。　　　　　　　　　　○

C　換気が完了したら煙道ダンパは**半開き**としておきます。　×

D　炉筒煙管ボイラーでは、水面が煙管のある位置より低下した場合は、水面上に出ている伝熱面が急冷されるので給水は**行いません**。　×

問 020 　ボイラーにキャリオーバが発生する原因となる場合として、誤っているものは次のうちどれか。

重要度
★★★

1　高水位である。

2　主蒸気弁を急に開く。

3　蒸気負荷が過小である。

4　ボイラー水が過度に濃縮されている。

5　ボイラー水に油脂分が多く含まれている。

（令和 2 年度／前期／問 13）

問 021 　ボイラーにおけるキャリオーバの害として、誤っているものは次のうちどれか。

重要度
★★★

1　蒸気とともにボイラーから出た水分が配管内にたまり、ウォータハンマを起こす。

2　ボイラー水全体が著しく揺動し、水面計の水位が確認しにくくなる。

3　自動制御関係の検出端の開口部若しくは連絡配管の閉塞又は機能の障害を起こす。

4　水位制御装置が、ボイラー水位が上がったものと認識し、ボイラー水位を下げて低水位事故を起こす。

5　脱気器内の蒸気温度が上昇し、脱気器の破損や汚損を起こす。

（令和 2 年度／後期／問 15）

問 020 **ポイント** 原因は、高水位、水面と蒸気取出口が近い、蒸気負荷が過大、
蒸気弁を急開、ボイラー水が過度に濃縮、ボイラー水が浮遊
物・油脂・不純物を多く含むことなどです。　▶テキストP.128

正解 3

1　高水位であることは、キャリオーバが発生する原因となります。　　　　○

2　主蒸気弁を急に開くことは、キャリオーバが発生する原因となります。　○

3　蒸気負荷が過小であることは、キャリオーバが発生する原因となりません。　×

4　ボイラー水が過度に濃縮されていることは、キャリオーバが発生する原因となります。　○

5　ボイラー水に油脂分が多く含まれていることは、キャリオーバが発生する原因となります。　○

問 021 **ポイント** 脱気とは、給水中の溶存気体（酸素や二酸化炭素）を除去するもので、キャリオーバの害には関係ありません。

正解 5

▶テキストP.129、P.177

1　蒸気とともにボイラーから出た水分が配管内にたまり、**ウォータハンマ**を起こします。　○

2　ボイラー水全体が著しく揺動し、水面計の水位が確認しにくくなります。　○

3　自動制御関係の検出端の開口部もしくは**連絡配管の閉塞**または**機能の障害**を起こします。　○

4　水位制御装置が、ボイラー水位が**上がった**ものと認識し、ボイラー水位を下げて**低水位事故**を起こします。　○

5　脱気器は水中の溶存気体を除去する装置のため、キャリオーバの害には**関係ありません**。キャリオーバが発生して過熱器にボイラー水が入ると、蒸気温度が**低下**し、過熱器の破損や汚損を起こします。　×

ボイラーにおけるキャリオーバの害に関するAからDまでの記述で、正しいもののみを全て挙げた組合せは、次のうちどれか。

重要度
★★★

A　蒸気の純度を低下させる。
B　ボイラー水全体が著しく揺動し、水面計の水位が確認しにくくなる。
C　ボイラー水が過熱器に入り、蒸気温度が上昇して過熱器の破損を起こす。
D　水位制御装置が、ボイラー水位が下がったものと認識し、ボイラー水位を上げて高水位になる。

1　A，B
2　A，B，C
3　A，B，D
4　B，C
5　C，D

（令和3年度／後期／問15）

問 023

ボイラーにキャリオーバが発生した場合の処置として、最も適切でないものは次のうちどれか。

重要度
★★★

1　燃焼量を下げる。
2　主蒸気弁を急開して蒸気圧力を下げる。
3　ボイラー水位が高いときは、一部を吹出しする。
4　ボイラー水の水質試験を行う。
5　ボイラー水が過度に濃縮されたときは、吹出し量を増し、その分を給水する。

（令和3年度／前期／問20）

問 022 ポイント キャリオーバが発生すると、ボイラー水の飛沫の混入により、蒸気純度が低下し、蒸気の質が悪くなります。また、低水位事故やウォータハンマを引き起こします。　▶テキストP.129

正解 1

A 蒸気の純度を低下させます。　　　　　　　　　　　　　　　　　○

B ボイラー水全体が著しく揺動し、水面計の水位が確認しにくくなります。　○

C ボイラー水が過熱器に入り、蒸気温度が下降して過熱器の汚損を起こします。　×

D 水位制御装置が、水位が上昇したものと認識し、ボイラー水位を下げて低水位事故を起こしやすくなります。　×

問 023 ポイント キャリオーバが発生したときは、燃焼量を下げ、主蒸気弁を絞って安定させます。また、吹出しと給水を行って濃度を下げたり、水質試験を行います。　▶テキストP.129

正解 2

1 燃焼量を下げます。　　　　　　　　　　　　　　　　　　　　　○

2 主蒸気弁は絞って負荷を下げます。　　　　　　　　　　　　　　×

3 ボイラー水位が高いときは、一部を吹出しします。　　　　　　　○

4 ボイラー水の水質試験を行います。　　　　　　　　　　　　　　○

5 ボイラー水が過度に濃縮されたときは、吹出し量を増し、その分を給水します。　○

問024

重要度
★★★

ボイラーの運転を終了するときの一般的な操作順序として、適切なものは 1 ～ 5 のうちどれか。ただし、A ～ E は、それぞれ次の操作をいうものとする。

A　給水を行い、圧力を下げた後、給水弁を閉じ、給水ポンプを止める。

B　蒸気弁を閉じ、ドレン弁を開く。

C　空気を送入し、炉内及び煙道の換気を行う。

D　燃料の供給を停止する。

E　ダンパを閉じる。

1　B → A → D → C → E

2　B → D → A → C → E

3　C → D → A → B → E

4　D → B → A → C → E

5　D → C → A → B → E

（令和 4 年度／前期／問20）

解説

問 024 **ポイント** 通常停止も非常停止も、とにかく、燃料弁を閉じてから十分に換気（ポストパージ）を行います。 ▶テキストP.133

正解 5

　ボイラーの運転終了の手順は、燃料弁を閉じ燃料の供給を停止する⇒空気を送入し炉内および煙道を換気する⇒給水を行い圧力を下げ給水弁を閉じて給水ポンプを止める⇒蒸気弁を閉じドレン弁を開く⇒ダンパを閉じる、になります。

 Point

一般的な運転停止の手順

通常消火時および異常消火時ともに、まず行うことは燃料弁を閉じて燃焼を止めることです。その後、十分な換気動作（ポストパージ）を行って未燃ガスを排出することが重要です。

06 水面測定装置、水面測定装置の機能試験

問025 ボイラーの水面測定装置の取扱いについて、誤っているものは次のうちどれか。

重要度
★★★

1 運転開始時の水面計の機能試験では、点火前に残圧がある場合は、点火直前に行う。

2 プライミングやホーミングが生じたときは、水面計の機能試験を行う。

3 水柱管の連絡管の途中にある止め弁は、誤操作を防ぐため、全開にしてハンドルを取り外しておく。

4 水柱管の水側連絡管は、ボイラーから水柱管に向かって下がり勾配に配管する。

5 水側連絡管のスラッジを排出するため、水柱管下部の吹出し管により、毎日1回吹出しを行う。

(令和2年度／前期／問11)

問026 ボイラーの水面測定装置の取扱いについて、誤っているものは次のうちどれか。

重要度
★★★

1 水面計の蒸気コック、水コックを閉じるときは、ハンドルを管軸に対し直角方向にする。

2 水面計の機能試験は、毎日行う。

3 水柱管の連絡管の途中にある止め弁は、誤操作を防ぐため、全開にしてハンドルを取り外しておく。

4 水柱管の水側連絡管の取付けは、ボイラー本体から水柱管に向かって上がり勾配とする。

5 水側連絡管のスラッジを排出するため、水柱管下部の吹出し管により、毎日1回吹出しを行う。

(令和3年度／前期／問18)

解説

問 025　ポイント　水柱管の水側連絡管の配管方法はよく出題されるので押さえておきましょう。　▶テキストP.137、P.140

正解　4

1　運転開始時の水面計の機能試験では、点火前に残圧がある場合は、**点火直前**に行います。　○

2　**プライミング**や**ホーミング**が生じたときは、水面計の機能試験を行います。　○

3　水柱管の連絡管の途中にある止め弁は、誤操作を防ぐため、**全開**にしてハンドルを**取り外して**おきます。　○

4　水柱管の水側連絡管は、管内にスラッジがたまりやすいので、水柱管に向かって**上がり勾配**に配管します。　×

5　水側連絡管のスラッジを排出するため、水柱管下部の吹出し管により、**毎日1回**吹出しを行います。　○

問 026　ポイント　水面計の蒸気コック、水コックのハンドルは、管軸と直角方向が「開」、同一方向が「閉」になります。　▶テキストP.141

正解　1

1　水面計の蒸気コック、水コックを**開ける**ときは、ハンドルを管軸に対し直角方向にします。　×

2　水面計の機能試験は、1日に1回以上行います。　○

3　水柱管の連絡管の途中にある止め弁は、誤操作を防ぐため、**全開**にしてハンドルを**取り外して**おきます。　○

4　水柱管の水側連絡管の取付けは、ボイラー本体から水柱管に向かって**上がり勾配**とします。　○

5　水側連絡管のスラッジを排出するため、水柱管下部の吹出し管により、**毎日1回**吹出しを行います。　○

ボイラーの水面測定装置の取扱いについて、AからDまでの記述で、正しいもののみを全て挙げた組合せは、次のうちどれか。

重要度
★★★

A　水面計のドレンコックを開くときは、ハンドルを管軸に対し直角方向にする。

B　水柱管の連絡管の途中にある止め弁は、誤操作を防ぐため、全開にしてハンドルを取り外しておく。

C　水柱管の水側連絡管の取付けは、ボイラーから水柱管に向かって下がり勾配とする。

D　水側連絡管で、煙道内などの燃焼ガスに触れる部分がある場合は、その部分を不燃性材料で防護する。

1　A，B
2　A，B，C
3　A，B，D
4　B，D
5　C，D

（令和元年度／後期／問12）

問028　ボイラーのガラス水面計の機能試験を行う時期として、必要性の低い時期は次のうちどれか。

重要度
★★★

1　ガラス管の取替えなどの補修を行ったとき。
2　2個の水面計の水位に差異を認めたとき。
3　水位が絶えず上下にかすかに動いているとき。
4　プライミングやホーミングが生じたとき。
5　取扱い担当者が交替し、次の者が引き継いだとき。

（平成30年度／後期／問12）

問 027　ポイント 水側連絡管で、煙道内などの燃焼ガスに触れる部分がある場合は、耐火材などを巻いて断熱処理をします。

▶テキストP.137

正解 1

A　水面計のドレンコックを開くときは、ハンドルを管軸に対し**直角方向**にします。　〇

B　水柱管の連絡管の途中にある止め弁は、誤操作を防ぐため、**全開**にして**ハンドルを取り外し**ておきます。　〇

C　水柱管の水側連絡管の取付けは、ボイラーから水柱管に向かって**スラッジがたまらないように上がり勾配**とします。　✕

D　水側連絡管で、煙道内などの燃焼ガスに触れる部分がある場合は、その部分を耐火材料で防護します。　✕

問 028　ポイント 水面計の機能試験は、1日に1回以上行います。行う時期は、残圧がある場合はたき始める前、残圧がない場合はたき始めの圧力が上がり始めたときに行います。

▶テキストP.140

正解 3

1　ガラス管の取替えなどの補修を行ったときは、機能試験を行います。　✕

2　2個の水面計の水位に差異を認めたときは、機能試験を行います。　✕

3　水位が絶えず上下にかすかに動いているときは、正常運転のため機能試験の必要はありません。　〇

4　プライミングやホーミングが生じたときは、機能試験を行います。　✕

5　取扱い担当者が交替し、次の者が引き継いだときは、機能試験を行います。　✕

Point

水面測定装置の取扱い上の注意

水柱管の水側連絡管は、管内にスラッジやゴミなどがたまりやすいので、水柱管に向かって上がり勾配とします。また、水面計の機能試験は1日1回以上、残圧がある場合はたき始める前か、たき始めの圧力が上がり始めたときに行います。ボイラー内に圧力がない場合は行えません。

ボイラーの水位検出器の点検及び整備に関するAからDまでの記述で、適切なもののみを全て挙げた組合せは、次のうちどれか。

重要度
★★★

A 電極式では、1日に1回以上、水の純度の低下による電気伝導率の上昇を防ぐため、検出筒内のブローを行う。

B 電極式では、1日に1回以上、ボイラー水の水位を上下させ、水位検出器の機能を確認する。

C フロート式では、1年に2回程度、フロート室を分解し、フロート室内のスラッジやスケールを除去するとともに、フロートの破れ、シャフトの曲がりなどがあれば補修する。

D フロート式のマイクロスイッチ端子間の電気抵抗をテスターでチェックする場合、抵抗がスイッチが開のときは無限大で、閉のときは導通があることを確認する。

1 A，B
2 A，B，C
3 B，C
4 B，C，D
5 C，D

（令和4年度／前期／問12）

問 029　ポイント　ボイラー内で低水位状態で燃焼を行うと爆発の危険が伴うた
め、水位検出器の役割が重要であり、確実に作動することが
求められます。

▶テキストP.137

正解
4

A　電極式水位検出器では、1日に1回以上、水の純度の**上昇**による電気伝
導率の**低下**を防ぐため、検出筒内の**ブロー**を行います。　　　　　　　✕

B　**電極式**では、1日に1回以上、ボイラー水の**水位を上下**させ、水位検出
器の機能を確認します。　　　　　　　　　　　　　　　　　　　　　〇

C　**フロート式**では、1**年に2回**程度、フロート室を**分解**し、フロート室内
のスラッジやスケールを**除去**するとともに、フロートの破れ、シャフト
の曲がりなどがあれば**補修**します。　　　　　　　　　　　　　　　　〇

D　フロート式の**マイクロスイッチ**端子間の電気抵抗をテスターでチェック
する場合、抵抗がスイッチが**開**のときは**無限大**で、**閉**のときは**導通**があ
ることを確認します。　　　　　　　　　　　　　　　　　　　　　　〇

Point

電極式水位検出器
電極式水位検出器では、蒸気の凝縮により水の純度の上昇が起こると検出筒内の水
の電気を通す物質が少なくなり、電気伝導率が低下します。そのため、筒内をブ
ローし、電気伝導率を上昇させます。

Point

フロート式のマイクロスイッチ端子間の電気抵抗
フロート式のマイクロスイッチ端子間の電気抵抗は、開時の抵抗が∞で、閉（通
電）時の抵抗が0であることを確認します。

問030 ボイラーのばね安全弁及び逃がし弁の調整及び試験について、誤っているもの
は次のうちどれか。

重要度
★★★

1 安全弁の調整ボルトを定められた位置に設定した後、ボイラーの圧力を
ゆっくり上昇させて安全弁を作動させ、吹出し圧力及び吹止まり圧力を確
認する。

2 ボイラー本体に安全弁が2個ある場合は、1個を最高使用圧力以下で先に
作動するように調整したときは、他の1個を最高使用圧力の3％増以下で
作動するように調整することができる。

3 エコノマイザの逃がし弁（安全弁）は、ボイラー本体の安全弁より低い圧
力に調整する。

4 最高使用圧力の異なるボイラーが連絡している場合、各ボイラーの安全弁
は、最高使用圧力の最も低いボイラーを基準に調整する。

5 安全弁の手動試験は、最高使用圧力の75％以上の圧力で行う。

(平成30年度／後期／問16)

解説

問 030　**ポイント**　安全弁が複数（本体に2個や本体以外）ある場合の調整の順序は押さえましょう。
▶テキストP.146

正解 3

1　安全弁の調整ボルトを定められた位置に設定した後、ボイラーの圧力をゆっくり上昇させて安全弁を作動させ、吹出し圧力および吹止まり圧力を確認します。　○

2　ボイラー本体に安全弁が2個ある場合は、1個を最高使用圧力以下で先に作動するように調整したときは、他の1個を最高使用圧力の3％増以下で作動するように調整することができます。　○

3　エコノマイザの逃がし弁（安全弁）は、ボイラー本体の安全弁より高い圧力に調整します。　×

4　最高使用圧力の異なるボイラーが連絡している場合、各ボイラーの安全弁は、最高使用圧力の最も低いボイラーを基準に調整します。　○

5　安全弁の手動試験は、最高使用圧力の75％以上の圧力で行います。　○

🔍 **Point**

加熱器用安全弁、エコノマイザの安全弁の調整
本体以外に過熱器、エコノマイザに安全弁がある場合の調整の仕方は、過熱器用安全弁が本体の安全弁より先に吹出す（低い圧力）ようにし、エコノマイザ用安全弁が最後（高い圧力）で吹出すようにします（過熱器⇒本体⇒エコノマイザ）。

問031 ボイラーのばね安全弁及び逃がし弁の調整及び試験について、誤っているものは次のうちどれか。

重要度
★★★

1 安全弁の調整ボルトを定められた位置に設定した後、ボイラーの圧力をゆっくり上昇させて安全弁を作動させ、吹出し圧力及び吹止まり圧力を確認する。

2 安全弁の吹出し圧力が設定圧力よりも低い場合は、一旦、ボイラーの圧力を設定圧力の80％程度まで下げ、調整ボルトを緩めて再度、試験する。

3 ボイラー本体に安全弁が2個ある場合は、1個を最高使用圧力以下で先に作動するように調整したときは、他の1個を最高使用圧力の3％増以下で作動するように調整することができる。

4 エコノマイザの逃がし弁（安全弁）は、ボイラー本体の安全弁より高い圧力に調整する。

5 最高使用圧力の異なるボイラーが連絡している場合、各ボイラーの安全弁は、最高使用圧力の最も低いボイラーを基準に調整する。

（令和元年度／前期／問11）

問032 ボイラーのばね安全弁及び逃がし弁の調整及び試験に関するAからDまでの記述で、適切なもののみを全て挙げた組合せは、次のうちどれか。

重要度
★★★

A 安全弁の調整ボルトを定められた位置に設定した後、ボイラーの圧力をゆっくり上昇させて安全弁を作動させ、吹出し圧力及び吹止まり圧力を確認する。

B 安全弁が1個設けられている場合は、最高使用圧力の3％増以下で作動するように調整する。

C エコノマイザの逃がし弁（安全弁）は、ボイラー本体の安全弁より低い圧力に調整する。

D 安全弁の手動試験は、常用圧力の75％以下の圧力で行う。

1 A　　　　　　4 A，D
2 A，B　　　　5 B，C，D
3 A，C，D

（令和3年度／後期／問19）

問 031 **ポイント** 安全弁が設定圧力になっても作動しない場合は、直ちにボイ
ラーの圧力を設定圧力の80％程度まで下げ、調整ボルトを
緩めて再度、試験をします。　　　　　　▶テキストP.145

正解 **2**

1　安全弁の調整ボルトを定められた位置に設定した後、ボイラーの圧力を
ゆっくり**上昇**させて安全弁を作動させ、吹出し圧力および吹止まり圧力
を確認します。　　　　　　　　　　　　　　　　　　　　　　　　○

2　安全弁の吹出し圧力が設定圧力よりも**低い**場合は、80％程度まで下げ
調整ボルトを**締めながら**再度、試験します。　　　　　　　　　　　×

3　ボイラー本体に安全弁が2個ある場合は、1個を**最高使用圧力以下**で先
に作動するように調整したときは、他の1個を**最高使用圧力の3％増**以
下で作動するように調整することができます。　　　　　　　　　　　○

4　エコノマイザの逃がし弁（安全弁）は、**ボイラー本体の安全弁より高い**
圧力に調整します。　　　　　　　　　　　　　　　　　　　　　　　○

5　最高使用圧力の異なるボイラーが連絡している場合、各ボイラーの安全
弁は、最高使用圧力の最も**低い**ボイラーを基準に調整します。　　　○

問 032 **ポイント** 安全弁の手動試験を行うときは、最高使用圧力の75％以上
の圧力で行います。　　　　▶テキストP.123、P.145、P.146

正解 **1**

A　安全弁の調整ボルトを定められた位置に設定した後、ボイラーの圧力を
ゆっくり**上昇**させて安全弁を作動させ、吹出し圧力および吹止まり圧力
を確認します。　　　　　　　　　　　　　　　　　　　　　　　　○

B　安全弁が1個設けられている場合は、**最高使用圧力以下**で作動するよう
に調整します。　　　　　　　　　　　　　　　　　　　　　　　　×

C　安全弁の吹き出す順番は、**過熱器⇒本体⇒エコノマイザ**になり、エコノ
マイザが一番高い圧力の設定になります。　　　　　　　　　　　　×

D　安全弁の手動試験は、**最高使用圧力の75％以上**の圧力で行います。×

問 033 〉 ボイラーのばね安全弁に蒸気漏れが生じた場合の原因に関するAからDまでの
記述で、正しいもののみを全て挙げた組合せは、次のうちどれか。

重要度
★★★

A 弁体円筒部と弁体ガイド部の隙間が少なく、熱膨張などにより弁体円筒部
が密着している。
B 弁棒に曲がりがあり、弁棒貫通部に弁棒が接触している。
C 弁体と弁座の中心がずれて、当たり面の接触圧力が不均一になっている。
D 弁体と弁座のすり合わせの状態が悪い。

1　A，B
2　A，C，D
3　A，D
4　B，C，D
5　C，D

（令和4年度／前期／問13）

問 034 〉 ボイラーのばね安全弁に蒸気漏れが生じた場合の措置として、誤っているもの
は次のうちどれか。

重要度
★★★

1　試験用レバーを動かして、弁の当たりを変えてみる。
2　調整ボルトにより、ばねを強く締め付ける。
3　弁体と弁座の間に、ごみなどの異物が付着していないか調べる。
4　弁体と弁座の中心がずれていないか調べる。
5　ばねが腐食していないか調べる。

（令和2年度／前期／問16）

問033 **ポイント** 安全弁の蒸気漏れの原因としては、他にごみなどの異物の混入、ばねが腐食し力が弱くなっているなどがあります。

▶テキストP.144、P.145

正解 **5**

A 弁体円筒部と弁体ガイド部の隙間が少なく、熱膨張などにより弁体円筒部が密着していることは、蒸気漏れの原因ではなく、蒸気が吹き出さない原因です。 ×

B 弁棒に曲がりがあり、弁棒貫通部に弁棒が接触していることは、蒸気漏れの原因ではなく、蒸気が吹き出さない原因です。 ×

C 弁体と弁座の中心がずれて、当たり面の接触圧力が不均一になっていることは、蒸気漏れの原因となります。 〇

D 弁体と弁座のすり合わせの状態が悪いことは、蒸気漏れの原因となります。 〇

問034 **ポイント** 蒸気漏れの際には、試験用レバーを動かして弁と弁座の当たりを変えてみます。それでも漏れる場合は、分解整備あるいは交換します。 ▶テキストP.144

正解 **2**

1 試験用レバーを動かして、弁の当たりを変えてみます。 〇

2 調整ボルトは、設定圧力になっているためばねを強く締め付けるなどしてはいけません。設定圧力が変わってしまいます。 ×

3 弁体と弁座の間に、ごみなどの異物が付着していないか調べます。 〇

4 弁体と弁座の中心がずれていないか調べます。 〇

5 ばねが腐食していないか調べます。 〇

08 間欠吹出し装置

問 035 ボイラー水の吹出しについて、誤っているものは次のうちどれか。

重要度
★★

1 炉筒煙管ボイラーの吹出しは、ボイラーを運転する前、運転を停止したとき又は負荷が低いときに行う。
2 鋳鉄製蒸気ボイラーの吹出しは、運転中に行わなければならない。
3 水冷壁の吹出しは、いかなる場合でも運転中に行ってはならない。
4 1人で2基以上のボイラーの吹出しを同時に行ってはならない。
5 直列に設けられている2個の吹出し弁を閉じるときは、第二吹出し弁を先に閉じ、次に第一吹出し弁を閉じる。

（令和2年度／前期／問18）

問 036 ボイラー水の吹出しに関するAからDまでの記述で、正しいもののみを全て挙げた組合せは、次のうちどれか。

重要度
★★★

A 炉筒煙管ボイラーの吹出しは、最大負荷よりやや低いときに行う。
B 水冷壁の吹出しは、スラッジなどの沈殿を考慮して、運転中に適宜行う。
C 吹出しを行っている間は、他の作業を行ってはならない。
D 吹出し弁が直列に2個設けられている場合は、急開弁を締切り用とする。

1 A，B
2 A，C
3 A，C，D
4 B，C，D
5 C，D

（令和3年度／後期／問14）

問035 **ポイント** 水冷壁と鋳鉄製ボイラーの吹出しは、運転中には行いません。

正解 2

▶テキストP.147

1 炉筒煙管ボイラーの吹出しは、ボイラーを運転する前、運転を停止したときまたは負荷が低いときに行います。 ○

2 鋳鉄製蒸気ボイラーの吹出しは、運転中に行ってはいけません。 ×

3 水冷壁の吹出しは、いかなる場合でも運転中に行ってはいけません。 ○

4 1人で2基以上のボイラーの吹出しを同時に行ってはいけません。 ○

5 直列に設けられている2個の吹出し弁を閉じるときは、第二吹出し弁を先に閉じ、次に第一吹出し弁を閉じます。 ○

問036 **ポイント** 間欠吹出しを行う時期は、ボイラー水の落ち着いている運転前や運転終了後、または運転中は負荷の低いときに行うようにします。

正解 5

▶テキストP.147

A 炉筒煙管ボイラーの吹出しは、たき始めか負荷の低いときに行います。 ×

B 水冷壁と鋳鉄製ボイラーの吹出しは、運転中には行ってはいけません。 ×

C 吹出しを行っている間は、他の作業を行ってはいけません。 ○

D 吹出し弁が直列に2個設けられている場合は、急開弁を締切り用とします。急開弁が締切り用、漸開弁が調整用です。 ○

💡**Point**

間欠吹出し装置の取扱い

間欠吹出し装置は、スケールやスラッジにより詰まることがあるので、1日に1回は必ず吹出しを行い、その機能を維持しなければなりません。間欠吹出しは、運転前や運転終了後、または運転中は負荷の軽いときに行います。

<table>
<tr><td>問 037</td></tr>
<tr><td>重要度
★★★</td></tr>
<tr><td>□□□</td></tr>
</table>

ボイラーに給水するディフューザポンプの取扱いについて、誤っているものは次のうちどれか。

1 運転前に、ポンプ内及びポンプ前後の配管内の空気を十分に抜く。

2 起動は、吐出し弁を全閉、吸込み弁を全開にした状態で行い、ポンプの回転と水圧が正常になったら吐出し弁を徐々に開き、全開にする。

3 グランドパッキンシール式の軸については、運転中、水漏れが生じた場合はグランドボルトを増締めし、漏れを完全に止める。

4 運転中は、振動、異音、偏心、軸受の過熱、油漏れなどの有無を点検する。

5 運転を停止するときは、吐出し弁を徐々に閉め、全閉にしてからポンプ駆動用電動機を止める。

（令和 2 年度／後期／問11）

<table>
<tr><td>問 038</td></tr>
<tr><td>重要度
★★★</td></tr>
<tr><td>□□□</td></tr>
</table>

ボイラーに給水するディフューザポンプの取扱いについて、適切でないものは次のうちどれか。

1 メカニカルシール式の軸については、水漏れがないことを確認する。

2 運転前に、ポンプ内及びポンプ前後の配管内の空気を十分に抜く。

3 起動は、吐出し弁を全閉、吸込み弁を全開にした状態で行い、ポンプの回転と水圧が正常になったら吐出し弁を徐々に開き、全開にする。

4 運転中は、振動、異音、偏心などの異常の有無及び軸受の過熱、油漏れなどの有無を点検する。

5 運転を停止するときは、ポンプ駆動用電動機を止めた後、吐出し弁を徐々に閉め、全閉にする。

（令和 3 年度／前期／問15）

問 037 ▶ **ポイント** グランドパッキンシール式は水が滴下する程度に、メカニカルシール式は水が漏れない程度に締めます。

正解 3

▶テキストP.149

1 運転前に、ポンプ内およびポンプ前後の配管内の空気を十分に**抜きます**。 ○

2 起動は、**吐出し弁を全閉、吸込み弁を全開**にした状態で行い、ポンプの回転と水圧が正常になったら**吐出し弁**を徐々に開き、全開にします。 ○

3 **グランドパッキンシール式**の軸では、空気が入らないように運転中に少量の水が滴下する程度にパッキンを締めておきます。 ✕

4 運転中は、振動、異音、偏心、軸受の過熱、油漏れなどの有無を点検します。 ○

5 運転を停止するときは、**吐出し弁**を徐々に閉め、全閉にしてからポンプ駆動用電動機を**止めます**。 ○

問 038 ▶ **ポイント** 空運転による内部焼き付き防止のため起動は、吐出し弁を「閉」で吸込み弁を「開」⇒ポンプを「起動」⇒吐出し弁を徐々に「開」⇒「電流計」で負荷を確認します。

正解 5

▶テキストP.149

1 **メカニカルシール式**の軸については、**水漏れがない**ことを確認します。 ○

2 運転前に、ポンプ内およびポンプ前後の配管内の**空気**を十分に**抜きます**。 ○

3 起動は、**吐出し弁を全閉、吸込み弁を全開**にした状態で行い、ポンプの回転と水圧が正常になったら**吐出し弁**を徐々に開き、全開にします。 ○

4 運転中は、振動、異音、偏心などの異常の有無および軸受の過熱、油漏れなどの有無を**点検**します。 ○

5 運転を停止するときは、**吐出し弁**「閉」⇒ポンプ「停止」⇒**吸込み弁**「閉」にします。 ✕

10 清掃

問039 ボイラーの内面清掃の目的として、適切でないものは次のうちどれか。

重要度
★★★

1 すすの付着による効率の低下を防止する。
2 スケールやスラッジによる過熱の原因を取り除き、腐食や損傷を防止する。
3 スケールやスラッジによるボイラー効率の低下を防止する。
4 穴や管の閉塞による安全装置、自動制御装置などの機能障害を防止する。
5 ボイラー水の循環障害を防止する。

（令和3年度／後期／問17）

問040 ボイラーの内面清掃の目的に関するAからDまでの記述で、正しいもののみを全て挙げた組合せは、次のうちどれか。

重要度
★★★

A すすの付着による水管などの腐食を防止する。
B スケールやスラッジによる過熱の原因を取り除き、腐食や損傷を防止する。
C スケールやスラッジによるボイラー効率の低下を防止する。
D 穴や管の閉塞による安全装置、自動制御装置などの機能障害を防止する。

1 A，B，C
2 A，C
3 A，D
4 B，C，D
5 B，D

（令和2年度／前期／問17）

138

問 039 ▶ポイント 外面清掃は、ボイラー外面（燃焼ガス接触側）の清掃であり、
すすや灰の除去が主になります。　　　　　　　　▶テキストP.154

正解
1

1　すすに関係するのは**外面清掃**です。　　　　　　　　　　　　　　×
2　**スケールやスラッジ**による過熱の原因を取り除き、腐食や損傷を防止し　　○
　　ます。
3　**スケールやスラッジ**によるボイラー効率の低下を防止します。　　　　　○
4　**穴や管の閉塞**による安全装置、自動制御装置などの機能障害を防止しま　　○
　　す。
5　ボイラー水の**循環障害**を防止します。　　　　　　　　　　　　　　　○

問 040 ▶ポイント 内面清掃は水接触側、外面清掃は燃焼ガス接触側の清掃にな
ります。　　　　　　　　　　　　　　　　　　　▶テキストP.154

正解
4

A　すすに関係するのは**外面清掃**です。　　　　　　　　　　　　　　　×
B　**スケールやスラッジ**による過熱の原因を取り除き、腐食や損傷を防止し　　○
　　ます。
C　**スケールやスラッジ**によるボイラー効率の低下を防止します。　　　　　○
D　**穴や管の閉塞**による安全装置、自動制御装置などの**機能障害を防止**しま　　○
　　す。

用語

循環障害
スケールによる熱効率の低下により、水の比重差が小さくなることで起こる障害の
こと。

問041 ボイラーにおけるスケール及びスラッジの害として、誤っているものは次のうちどれか。

重要度
★★★

1　熱の伝達を妨げ、ボイラーの効率を低下させる。

2　炉筒、水管などの伝熱面を過熱させる。

3　水管の内面に付着すると、水の循環を悪くする。

4　ボイラーに連結する管、コック、小穴などを詰まらせる。

5　ウォータハンマを発生させる。

（令和3年度／前期／問19）

問042 ボイラーの酸洗浄について、AからDまでの記述のうち、正しいもののみを全て挙げた組合せは、次のうちどれか。

重要度
★★★

A　酸洗浄の使用薬品には、りん酸が多く用いられる。

B　酸洗浄は、酸によるボイラーの腐食を防止するため抑制剤（インヒビタ）を添加して行う。

C　薬液で洗浄した後は、中和防錆処理を行い、水洗する。

D　シリカ分の多い硬質スケールを酸洗浄するときは、所要の薬液で前処理を行い、スケールを膨潤させる。

1　A，B，C

2　A，B，D

3　A，C

4　B，D

5　B，C，D

（平成30年度／後期／問17）

問 041　ポイント　スケールやスラッジの害は、ボイラー内面（水接触側）で起こる障害です。　　　　　▶テキストP.154

正解
5

1　熱の伝達を妨げ、**ボイラーの効率を低下**させます。　　　　　〇

2　炉筒、水管などの伝熱面を**過熱**させます。　　　　　〇

3　水管の内面に付着すると、**水の循環を悪く**します。　　　　　〇

4　ボイラーに連結する管、コック、小穴などを**詰まらせ**ます。　　　　　〇

5　**ウォータハンマ**は、ボイラー本体を出た蒸気中に含まれる水分が蒸気配管中で**ドレン化**するもので、スケールやスラッジの害には関係しません。　　　　　✕

問 042　ポイント　酸洗浄は、主に塩酸を使用し、スケールを溶解除去するものです。工程は、前処理⇒水洗い⇒酸洗浄⇒水洗い⇒中和防錆処理になります。　　　　　▶テキストP.157

正解
4

A　酸洗浄の使用薬品には、**塩酸**が多く用いられます。　　　　　✕

B　酸洗浄は、酸によるボイラーの腐食を防止するため抑制剤（インヒビタ）を添加して行います。　　　　　〇

C　薬液で洗浄した後は、**水洗い**を行い、**中和防錆処理**をします。　　　　　✕

D　シリカ分の多い硬質スケールを酸洗浄するときは、所要の薬液で前処理を行い、スケールを**膨潤**させます。　　　　　〇

ボイラーのスートブローについて、誤っているものは次のうちどれか。

重要度
★★★

1　スートブローは一箇所に長く吹き付けないようにして行う。

2　スートブローは、最大負荷よりやや低いところで行う。

3　スートブローの蒸気には、清浄効果を上げるため、ドレンの混入した密度の高い湿り蒸気を用いる。

4　スートブローの回数は、燃料の種類、負荷の程度、蒸気温度などに応じて決める。

5　スートブローを行ったときは、煙道ガスの温度や通風損失を測定して、その効果を確かめる。

（令和元年度／前期／問18）

問 044

ボイラーのスートブローについて、誤っているものは次のうちどれか。

重要度
★★★

1　スートブローは、主としてボイラーの水管外面などに付着するすすの除去を目的として行う。

2　スートブローは、安定した燃焼状態を保持するため、一般に最大負荷の50％以下で行う。

3　スートブローが終了したら、蒸気の元弁を閉止し、ドレン弁は開放する。

4　スートブローは、一箇所に長く吹き付けないようにして行う。

5　スートブローの回数は、燃料の種類、負荷の程度、蒸気温度などに応じて決める。

（令和2年度／後期／問12）

問 043　ポイント　外面清掃のスートブローは、高圧空気や高圧蒸気の噴射により、ダストやすすを吹き払うものです。

正解 3

▶テキストP.086、P.154、P.158

1　スートブローは**一箇所に長く吹き付けないように**して行います。　　○

2　スートブローは、**最大負荷よりやや低いところ**で行います。　　○

3　スートブローの蒸気には、清浄効果を上げるため、ドレンの混入しない**乾き蒸気**を用います。　　✕

4　スートブローの**回数**は、燃料の種類、負荷の程度、蒸気温度などに応じて決めます。　　○

5　スートブローを行ったときは、**煙道ガスの温度や通風損失**を測定して、その効果を確かめます。　　○

問 044　ポイント　スートブローは、安定した燃焼状態を保持するために最大負荷よりやや低いところで行い、また、燃焼量の低い状態では行いません。

正解 2

▶テキストP.086、P.154、P.158

1　スートブローは、主としてボイラーの水管外面などに付着するすすの除去を目的として行います。　　○

2　スートブローは、安定した燃焼状態を保持するため、一般に**最大負荷よりやや低いところ**で行うのが望ましいです。　　✕

3　スートブローが終了したら、**蒸気の元弁を閉止**し、**ドレン弁は開放**します。　　○

4　スートブローは、**一箇所に長く吹き付けないように**して行います。　　○

5　スートブローの回数は、燃料の種類、負荷の程度、蒸気温度などに応じて決めます。　　○

Point

内面清掃と外面清掃

内面清掃はボイラー内面（水接触側）の清掃で、スケールやスラッジの除去が主で、酸洗浄などが行われます。外面清掃はボイラー外面（燃焼ガス接触側）の清掃で、すすの除去が主で、スートブローなどが行われます。

11 休止中の保存法

問045 ボイラーの運転を停止し、ボイラー水を全部排出する場合の措置として、誤っているものは次のうちどれか。

重要度
★★

1 運転停止のときは、ボイラーの水位を常用水位に保つように給水を続け、蒸気の送り出し量を徐々に減少させる。

2 運転停止のときは、燃料の供給を停止してポストパージが完了し、ファンを停止した後、自然通風の場合はダンパを全開とし、たき口及び空気口を開いて炉内を冷却する。

3 運転停止後は、ボイラーの蒸気圧力がないことを確かめた後、給水弁及び蒸気弁を閉じる。

4 給水弁及び蒸気弁を閉じた後は、ボイラー内部が負圧にならないように空気抜弁を開いて空気を送り込む。

5 ボイラー水の排出は、ボイラー水がフラッシュしないように、ボイラー水の温度が90℃以下になってから、吹出し弁を開いて行う。

(令和元年度／前期／問13)

問046 ボイラーの休止中の保存法について、誤っているものは次のうちどれか。

重要度
★★

1 ボイラーの燃焼側及び煙道は、すすや灰を完全に除去して、防錆油、防錆剤などを塗布する。

2 乾燥保存法は、休止期間が3か月程度以内の比較的短期間の場合に採用される。

3 乾燥保存法では、ボイラー水を全部排出して内外面を清掃した後、ボイラー内に蒸気や水が漏れ込まないように、蒸気管、給水管などは確実に外部との連絡を遮断する。

4 満水保存法は、凍結のおそれがある場合には採用できない。

5 満水保存法では、月に1～2回、保存水の薬剤の濃度などを測定し、所定の値を保つように管理する。

(平成30年度／後期／問20)

問 045 **ポイント** ポストパージのために全開にしていたダンパは、自然通風の
場合はポストパージ完了後、半開きとし、炉内を冷却します。

正解 **2**

▶テキストP.155

1 運転停止のときは、ボイラーの水位を常用水位に保つように給水を続け、 〇
  蒸気の送り出し量を徐々に減少させます。

2 運転停止のときは、燃料の供給を停止しポストパージ完了後、ダンパは ✕
  半開きとします。

3 運転停止後は、ボイラーの蒸気圧力がないことを確かめた後、給水弁お 〇
  よび蒸気弁を閉じます。

4 給水弁および蒸気弁を閉じた後は、ボイラー内部が負圧にならないよう 〇
  に空気抜弁を開いて空気を送り込みます。

5 ボイラー水の排出は、ボイラー水がフラッシュしないように、ボイラー 〇
  水の温度が90℃以下になってから、吹出し弁を開いて行います。

問 046 **ポイント** 乾燥保存法は、休止期間が長期にわたる場合、または、凍結
のおそれがある場合に採用されます。 ▶テキストP.161

正解 **2**

1 ボイラーの燃焼側および煙道は、すすや灰を完全に除去して、防錆油、 〇
  防錆剤などを塗布します。

2 満水保存法は休止期間が3か月程度以内の場合、または、緊急の使用に ✕
  備えて休止する場合に採用されます。

3 乾燥保存法では、ボイラー水を全部排出して内外面を清掃した後、ボイ 〇
  ラー内に蒸気や水が漏れ込まないように、蒸気管、給水管などは確実に
  外部との連絡を遮断します。

4 満水保存法は、凍結のおそれがある場合には採用できません。 〇

5 満水保存法では、月に1～2回、保存水の薬剤の濃度などを測定し、所 〇
  定の値を保つように管理します。

12 材料の劣化と損傷およびボイラーの事故

問047 ボイラーの内面腐食及びその抑制方法について、適切でないものは次のうちどれか。

重要度
★★

1　給水中に含まれる溶存気体のO_2やCO_2は、鋼材の腐食の原因となる。

2　腐食は、一般に電気化学的作用などにより生じる。

3　アルカリ腐食は、高温のボイラー水中で濃縮した水酸化ナトリウムと鋼材が反応して生じる。

4　ボイラー水の酸消費量を調整することによって、腐食を抑制する。

5　ボイラー水のpHを弱酸性に調整することによって、腐食を抑制する。

（令和元年度／後期／問18）

解説

問047 **ポイント** 内面腐食の防止には、溶存気体の除去（脱気）やpHの調整などが重要になります。

▶テキストP.165、P.174

1 給水中に含まれる溶存気体のO_2やCO_2は、鋼材の腐食の原因となります。　○

2 腐食は、一般に電気化学的作用などにより生じます。　○

3 アルカリ腐食は、高温のボイラー水中で濃縮した水酸化ナトリウムと鋼材が反応して生じます。　○

4 ボイラー水の酸消費量を調整することによって、腐食を抑制します。　○

5 ボイラー水のpHは、弱アルカリ性に調整することにより、腐食を抑制します。　×

💡**Point**

腐食

内面腐食は、ボイラー水や蒸気に触れる部分に起きる腐食のことです。

外面腐食は、燃焼ガスや空気に触れる部分に起きる腐食のことで、低温腐食や高温腐食などがあります。

💡**Point**

pHと水の性質

pHは0から14までの数値で表され、pHが0以上7未満のものは酸性、pHが7のものは中性、pHが7を超えるものはアルカリ性となります。

> ボイラー水では、pH10.5～12の弱アルカリ水を使用します。

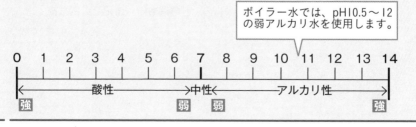

問 048 ボイラーの水管理について、誤っているものは次のうちどれか。

重要度
★★★

1 水溶液が酸性かアルカリ性かは、水中の水素イオンと水酸化物イオンの量により定まる。

2 常温（25℃）でpHが7未満はアルカリ性、7は中性である。

3 酸消費量は、水中に含まれる水酸化物、炭酸塩、炭酸水素塩などのアルカリ分の量を示すものである。

4 酸消費量には、酸消費量（pH4.8）と酸消費量（pH8.3）がある。

5 全硬度は、水中のカルシウムイオン及びマグネシウムイオンの量を、これに対応する炭酸カルシウムの量に換算し、試料1リットル中のmg数で表す。

（平成30年度／後期／問15）

問 049 ボイラーの水管理について、誤っているものは次のうちどれか。

重要度
★★★

1 マグネシウム硬度は、水中のカルシウムイオンの量を、これに対応する炭酸マグネシウムの量に換算し、試料1リットル中のmg数で表す。

2 水溶液が酸性かアルカリ性かは、水中の水素イオンと水酸化物イオンの量により定まる。

3 常温（25℃）でpHが7は中性、7を超えるものはアルカリ性である。

4 酸消費量は、水中に含まれる水酸化物、炭酸塩、炭酸水素塩などのアルカリ分の量を示すものである。

5 酸消費量には酸消費量（pH4.8）と酸消費量（pH8.3）がある。

（令和3年度／前期／問12）

問 048 ▶**ポイント** pH（水素イオン指数）は、0から14までの数値で表されます。ボイラー水は弱アルカリ水を使用します。

▶テキストP.173

正解 2

1 水溶液が酸性かアルカリ性かは、水中の**水素イオン**と**水酸化物イオン**の量により定まります。 　○

2 常温（25℃）でpHが0以上7未満は酸性、7が中性、7を超えるものは**アルカリ性**になります。 　×

3 酸消費量は、水中に含まれる**水酸化物、炭酸塩、炭酸水素塩**などのアルカリ分の量を示すものです。 　○

4 酸消費量には酸消費量（**pH4.8**）と酸消費量（**pH8.3**）があります。 　○

5 全硬度は、水中の**カルシウムイオン**および**マグネシウムイオン**の量を、これに対応する**炭酸カルシウム**の量に換算し、試料1リットル中の**mg数**で表します。 　○

問 049 ▶**ポイント** 硬度とは、カルシウムイオンまたはマグネシウムイオンの量を、これに対応する炭酸カルシウムの量に換算します。

▶テキストP.174

正解 1

1 **マグネシウム硬度**は、水中のマグネシウムイオンの量を、これに対応する炭酸カルシウムの量に換算し、試料1リットル中の**mg数**で表します。 　×

2 水溶液が酸性かアルカリ性かは、水中の**水素イオン**と**水酸化物イオン**の量により定まります。 　○

3 常温（25℃）でpHが**7**は中性、**7**を超えるものは**アルカリ性**です。 　○

4 酸消費量は、水中に含まれる**水酸化物、炭酸塩、炭酸水素塩**などのアルカリ分の量を示すものです。 　○

5 酸消費量には酸消費量（**pH4.8**）と酸消費量（**pH8.3**）があります。 　○

問 050

重要度
★★★

次のうち、ボイラー給水の脱酸素剤として使用される薬剤のみの組合せはどれか。

1 塩化ナトリウム ――――――りん酸ナトリウム

2 りん酸ナトリウム ―――――タンニン

3 亜硫酸ナトリウム ―――――炭酸ナトリウム

4 炭酸ナトリウム ――――――りん酸ナトリウム

5 亜硫酸ナトリウム ―――――タンニン

(令和 2 年度／前期／問 12)

問 051

重要度
★★★

ボイラーの給水中の溶存気体の除去について、誤っているものは次のうちどれか。

1 脱気は、給水中に溶存している O_2 などを除去するものである。

2 脱気法には、化学的脱気法と物理的脱気法がある。

3 加熱脱気法は、水を加熱し、溶存気体の溶解度を下げることにより、溶存気体を除去する方法である。

4 真空脱気法は、水を真空雰囲気にさらすことによって、溶存気体を除去する方法である。

5 膜脱気法は、高分子気体透過膜の片側に水を供給し、反対側を加圧して溶存気体を除去する方法である。

(令和 4 年度／前期／問 15)

問 050 ▶ポイント　腐食の防止のために、脱酸素を行います。脱酸素剤3種類は必須問題です。
▶テキストP.178

正解
5

　ボイラー水中の酸素を除去し、腐食を防止するために使用される**脱酸素剤**は、**亜硫酸ナトリウム、タンニン、ヒドラジン**があります。

問 051 ▶ポイント　脱酸素剤3種類のほかに物理的脱気法を押さえておきましょう。真空脱気法と膜脱気法は真空にするのがポイントです。
▶テキストP.177

正解
5

1　脱気は、給水中に溶存しているO_2などを除去するものです。　　　　　○

2　脱気法には、**化学的脱気法**と**物理的脱気法**があります。　　　　　○

3　**加熱脱気法**は、水を加熱し、溶存気体の**溶解度を下げる**ことにより、溶存気体を除去する方法です。　　　　　○

4　**真空脱気法**は、水を**真空雰囲気**にさらすことによって、溶存気体を除去する方法です。　　　　　○

5　**膜脱気法**は、**高分子気体透過膜**の片側に**水**を供給し、反対側を**真空**にして溶存気体を除去する方法です。　　　　　×

💡**Point**

ボイラーの水処理

ボイラーの水処理として、脱気（溶存気体の除去）、清缶剤（硬度成分の軟化、pH・酸消費量の調整、スラッジの調整、脱酸素）、イオン交換法（カルシウムおよびマグネシウム成分の除去）、濃度管理（吹出し）などがあります。それぞれのポイントを押さえておきましょう。

問 052 ボイラーの清缶剤について、誤っているものは次のうちどれか。

重要度
★★★

1 軟化剤は、ボイラー水中の硬度成分を不溶性の化合物（スラッジ）に変えるための薬剤である。

2 軟化剤には、炭酸ナトリウム、りん酸ナトリウムなどがある。

3 脱酸素剤は、ボイラー給水中の酸素を除去するための薬剤である。

4 脱酸素剤には、タンニン、亜硫酸ナトリウム、ヒドラジンなどがある。

5 低圧ボイラーの酸消費量付与剤としては、塩化ナトリウムが用いられる。

（令和3年度／前期／問16）

問 053 ボイラーの清缶剤について、誤っているものは次のうちどれか。

重要度
★★★

1 軟化剤は、ボイラー水中の硬度成分を不溶性の化合物（スラッジ）に変えるための薬剤である。

2 軟化剤には、炭酸ナトリウム、りん酸ナトリウムなどがある。

3 スラッジ調整剤は、ボイラー内で生じた泥状沈殿物の結晶の成長を防止するための薬剤である。

4 脱酸素剤には、タンニン、ヒドラジンなどがある。

5 低圧ボイラーの酸消費量付与剤としては、一般に亜硫酸ナトリウムが用いられる。

（令和元年度／後期／問13）

問 052 ポイント 清缶剤の主な目的は、硬度成分の軟化（スラッジ化）です。
ほかにpHおよび酸消費量の調整や脱酸素があります。

▶テキストP.178

正解 5

1 軟化剤は、ボイラー水中の硬度成分を不溶性の化合物（スラッジ）に変えるための薬剤です。 ◯

2 軟化剤には、炭酸ナトリウム、りん酸ナトリウムなどがあります。 ◯

3 脱酸素剤は、ボイラー給水中の酸素を除去するための薬剤であります。 ◯

4 脱酸素剤には、タンニン、亜硫酸ナトリウム、ヒドラジンなどがあります。 ◯

5 低圧ボイラーの酸消費量付与剤としては、水酸化ナトリウムや炭酸ナトリウムが用いられます。 ✕

問 053 ポイント 酸消費量調整剤には、酸消費量上昇抑制剤として、りん酸ナトリウムやアンモニアなどが用いられます。 ▶テキストP.178

正解 5

1 軟化剤は、ボイラー水中の硬度成分を不溶性の化合物（スラッジ）に変えるための薬剤です。 ◯

2 軟化剤には、炭酸ナトリウム、りん酸ナトリウムなどがあります。 ◯

3 スラッジ調整剤は、ボイラー内で生じた泥状沈殿物の結晶の成長を防止するための薬剤です。 ◯

4 脱酸素剤には、タンニン、ヒドラジン、亜硫酸ナトリウムなどがあります。 ◯

5 低圧ボイラーの酸消費量付与剤としては、一般に水酸化ナトリウムや炭酸ナトリウムが用いられます。 ✕

問 054 単純軟化法によるボイラー補給水の軟化装置について、正しいものは次のうちどれか。

重要度
★★★

1　中和剤により、水中の高いアルカリ分を除去する装置である。

2　半透膜により、純水を作るための装置である。

3　真空脱気により、水中の二酸化炭素を取り除く装置である。

4　高分子気体透過膜により、水中の酸素を取り除く装置である。

5　強酸性陽イオン交換樹脂により、水中の硬度成分を樹脂のナトリウムと置換させる装置である。

（平成30年度／後期／問13）

問 055 単純軟化法によるボイラー補給水の軟化装置について、誤っているものは次のうちどれか。

重要度
★★★

1　軟化装置は、強酸性陽イオン交換樹脂を充填したNa塔に水を通過させるものである。

2　軟化装置は、水中のカルシウムやマグネシウムを除去することができる。

3　軟化装置による処理水の残留硬度は、貫流点を超えると著しく減少する。

4　軟化装置の強酸性陽イオン交換樹脂の交換能力が低下した場合は、一般に食塩水で再生を行う。

5　軟化装置の強酸性陽イオン交換樹脂は、1年に1回程度、鉄分による汚染などを調査し、樹脂の洗浄及び補充を行う。

（令和元年度／前期／問19）

問 054 ポイント 置換させるナトリウムイオンには、一般的に食塩水を使います。

正解 **5**

▶テキストP.179

単純軟化法は、**強酸性陽イオン交換樹脂**を充填した**Na塔**に給水を通過させ、水の硬度成分である**カルシウム**および**マグネシウム**を樹脂に吸着させて樹脂の**ナトリウム**と置換させる方法です。

問 055 ポイント 樹脂の置換能力は次第に減少して硬度成分が残るようになり、その許容範囲の貫流点を超えると残留硬度は著しく増加します。

正解 **3**

▶テキストP.179

1 軟化装置は、**強酸性陽イオン交換樹脂**を充填した**Na塔**に水を通過させるものです。　○

2 軟化装置は、水中の**カルシウム**や**マグネシウム**を除去することができます。　○

3 軟化装置による処理水の残留硬度は、**貫流点を超える**と著しく**増加**します。そのため、貫流点を超える前に**塩化ナトリウム**（食塩水）を加えて樹脂の交換能力を**再生**させます。　✕

4 軟化装置の強酸性陽イオン交換樹脂の交換能力が低下した場合は、一般に**食塩水で再生**を行います。　○

5 軟化装置の強酸性陽イオン交換樹脂は、**1年に1回**程度、鉄分による汚染などを調査し、**樹脂の洗浄および補充**を行います。　○

💡 **Point**

単純軟化装置（Na塔）

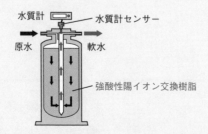

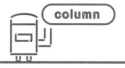

column

ボイラーの種類

　ボイラー技士の資格（伝熱面積3m²以上）の種類は、伝熱面積の範囲により、2級と1級さらに特級があります。
　伝熱面積は、それぞれ以下の通りです。
　2級：伝熱面積の合計が25m²未満
　1級：伝熱面積の合計が500m²未満
　特級：伝熱面積の合計が無制限

　1級と特級は、受験資格が厳しく、一般の方は受験すらできません。2級は受験資格がなく、誰でも受験できます。2級を取得し、実務経験を積めば、1級さらには特級へとスキルアップが図れます。工場や病院などの大規模施設では効率的に熱を作る機器として、また近年では高層ビルも増加しており、新たな活躍の場も見込めます。このため1級や特級ボイラー技士は、将来に期待できる資格です。まずは2級ボイラー技士になり、実務経験を積み、1級や特級を目指すことにより、将来性が拓けてきます。

"重要過去問"

第3章

燃料および燃焼に関する知識

第3章では、ボイラーに使用する燃料とその燃焼方法に関する問題が出題されます。さまざまな燃料の特徴と燃焼を行ううえで必要な知識や使用する器具について押さえましょう。

要点整理

燃料概論

▶本文 P.166〜171　▶テキスト P.192〜193

・工業分析とは、固体燃料の水分、灰分および揮発分を測定し、残りを固定炭素として質量（％）で表したものです。

・元素分析とは、液体燃料や固体燃料の炭素、水素、窒素および硫黄を測定し、残りを酸素として質量（％）で表したものです。

・成分分析とは、気体燃料のメタン、エタンなどの含有成分を測定し、体積（％）で表したものです。

・着火温度とは、液体燃料を空気中で加熱すると温度が徐々に上昇し、他から点火しないで自然に燃え始める最低の温度をいいます。

・引火点とは、液体燃料を加熱すると蒸気が発生し、これに小火炎を近づけると瞬間的に光を放って燃え始める最低の温度をいいます。

・発熱量とは、燃料を完全燃焼させたときに発生する熱量のことで、潜熱を含んだ高発熱量と潜熱を含まない低発熱量があります。

● 工業分析の成分（固体燃料）

水分　灰分　揮発分	固定炭素
測定成分	残り

> 固定炭素の含有量が多いほど、発熱量が大きく良質の燃料です。

液体燃料

▶本文 P.172〜179　▶テキスト P.194〜197

・A重油は粘度が小さく、引火点が低く、流動点（凝固点）も低いです。

・C重油は密度が大きく、単位質量当たりの発熱量が小さいです。

・C重油は粘度が大きく、引火点が高いです。

> 重油の粘度、密度、引火点、発熱量などの関係において、発熱量以外は比例関係にあります。

・粘度の高いB重油、C重油は霧化するため予熱が必要になります。一般的な予熱温度は、B重油で50〜60℃、C重油で80〜105℃、平均で約100℃です。

- 凝固点は、油が低温になって凝固する最高温度をいい、流動点は、油を冷却したときに流動状態を保つことができる最低温度をいいます。一般的に、流動点は凝固点より2.5℃高い温度になります。
- 燃料に水分を多く含むと、熱損失を招いたり、息づき燃焼を起こします。
- 燃料にスラッジが形成されると、弁、ろ過器、バーナチップなどを閉そくし、ポンプ、流量計、バーナチップの摩耗などの障害が起こります。
- 燃料に灰分を含むと、伝熱を阻害したり、高温腐食を起こします。
- 燃料に硫黄分を含むと、大気汚染や低温腐食を起こします。

気体燃料

▶本文 P.180〜183　▶テキスト P.198〜199

特徴

- メタン（CH_4）などの炭化水素を主成分とします。液体燃料や固体燃料に比べると成分中の炭素（C）に対する水素の比率が高くなります。
- 燃焼が均一で、燃焼効率が高くなります。
- 灰分、硫黄（S）分、窒素（N）分の含有量が少なく、燃焼ガスや排ガスが清浄です。
- 使用するバーナの構造が簡単で、燃焼調節が容易です。
- 単位容積当たりの発熱量が重油の約1/1,000と小さいです。
- 漏えいした場合は爆発や火災の危険性が生じます。また、一酸化炭素などの衛生上有害となる成分（有毒ガス）を含む割合が多くなります。
- 燃料費は、他の燃料に比べると割高で、配管口径が液体燃料に比べると太くなるため、配管費、制御機器費などが高くなります。

種類

- 天然ガスは、炭化水素を主成分とする可燃性ガスをいい、油田ガスやガス田ガス、炭田ガスなどがあります。乾性ガスと湿性ガスがあり、湿性ガスは液化して液化天然ガス（LNG）になります。
- 都市ガスは液化天然ガスが主流で、比重が空気より軽いため、漏れると上昇します。
- 液化石油ガスは、常温でわずかに圧力を加えて製造した石油系炭化水素をいい、比重が空気より重いため、漏れると底部にたまります。液体燃料ボイラーのパイロットバーナの燃料として利用することが多いです。

固体燃料

▶本文P.182〜183　▶テキストP.200〜201

・固定炭素は石炭の主成分です。炭化度が進んでいるものに多く含まれ、短炎で赤く発光した「おき」となって燃焼し、発熱量も大きくなります。

・石炭中の揮発分は、炭化度の進んだものほど少なくなり、揮発分が放出され長炎となって燃焼しますが、発熱量は小さくなります。

・石炭中の灰分は不燃物で、石炭の発熱量を減らします。灰分が多いものや灰が溶融してクリンカ（炉壁に付着した灰）になるものは、燃焼に悪影響を及ぼします。

・石炭中の水分は、着火性を悪くするとともに、燃焼中の気化熱を消費し、熱損失をもたらします。

・石炭中の硫黄分は、燃焼すると二酸化硫黄になり、ボイラーの腐食や大気汚染の原因になります。

燃焼概論

▶本文P.184〜187　▶テキストP.204〜205

燃焼に必要な条件

・光と熱を伴う急激な酸化反応を燃焼といいます。

・燃焼の3要素は、燃料、空気、温度（着火温度以上）です。

・燃焼において大切なことは、着火性が良く、燃焼速度が速く、一定量の燃料を狭い燃焼室で完全燃焼することです。

理論空気量と実際空気量および空気比

・理論空気量（燃焼に必要な最小の空気量）に過剰空気量（燃焼に必要な不足分の空気量）を加えたのが実際空気量になります。

・理論空気量に対する実際空気量の割合を空気比といいます。

ボイラーの熱損失

・ボイラーの熱損失で最も大きなものは、一般的に排ガス熱による損失です。

・排ガス熱による熱損失を小さくするには、空気比を小さくして完全燃焼させます。

大気汚染物質とその防止方法

▶本文P.188～191　▶テキストP.206～207

- 一酸化炭素（CO）は、燃料中の炭素分の不完全燃焼により発生し、大気汚染の原因になります。
- ボイラー排ガス中の硫黄酸化物は、主に二酸化硫黄（亜硫酸ガス、SO_2）と数％の三酸化硫黄（無水硫酸、SO_3）で、これらを総称してSO_xといいます。人体への影響が大きく、呼吸器系統の障害をもたらし循環器を冒す有害な物質です。さらに、煙突中では、水蒸気と結びつき硫酸蒸気（H_2SO_4）となり、低温腐食を起こします。
- ボイラー排ガス中の窒素酸化物は、主に一酸化窒素（NO）と数％の二酸化窒素（NO_2）で、これらを総称してNO_xといいます。人体の気道や肺、毛細気管支の粘膜を冒し、酸素不足による脳や心臓の機能低下をもたらします。
- 燃焼に使用された空気中の窒素が高温条件下で酸素と反応して生成するNO_xを、サーマルNO_xといいます。
- 燃焼中の窒素酸化物から酸化して生ずるNO_xを、フューエルNO_xといいます。
- NO_xの防止対策として、燃焼温度を低くし、局所の高温域を設けないことや、高温燃焼域における燃焼ガスの滞留時間を短くすることなどがあります。
- ばいじんは、すすとダスト（灰分を主体としたちり）の総称で、呼吸器への障害をもたらします。

液体燃料の燃焼方式

▶本文P.194～201　▶テキストP.212～215

- 液体燃料の燃焼方式は、主として燃料油を霧化して燃焼を起こす噴霧式燃焼法が用いられており、油を霧化するにはバーナを用います。
- 粘度の高いB重油やC重油あるいは寒冷地などによっては、予熱により粘度を下げ、微粒化を容易にします。

重油の予熱

- 粘度の高い重油の予熱温度が低すぎると、霧化不良となり火炎が偏流したり、すすが発生し炭化物（カーボン）が付着したりします。
- 粘度の高い重油の予熱温度が高すぎると、バーナ管内で油が気化しベーパロックを起こしたり、噴霧状態にむらができ、息づき燃焼を起こしたりします。

重油燃焼による障害の防止

・重油中の硫黄分による低温腐食を防止するため、露点温度を下げ、煙道内の温度の低下を防ぐ必要があります。

・低温腐食防止のため、給水温度を上昇させてエコノマイザの伝熱面の温度を高く保ちます。

・低温腐食防止のため、蒸気式空気予熱器を用いてガス式空気予熱器の伝熱面の温度が低くなりすぎないようにします。

油バーナの種類と構造

▶本文 P.202 〜 207　▶テキスト P.216 〜 220

油バーナの役割

・油バーナは、燃料油を数 μm 〜数百 μm に微粒化してその表面積を大きくし、気化を促進させ空気との接触を良好にし、燃焼反応を速く完結させます。

油バーナの種類と構造

・圧力噴霧式バーナは、油に高圧力を加え、これをノズルチップから激しい勢いで炉内に噴出させるものです。ターンダウン比が狭く、ターンダウン比を広くするためには、戻り油式やプランジャ式などを用います。

・高圧蒸気（空気）噴霧式バーナは、高い圧力を有する蒸気または空気の霧化媒体を導入し、そのエネルギーを油の霧化に利用するものです。霧化媒体を使用するためターンダウン比は広くなります。

・回転式バーナは、回転軸に取り付けられたカップの内面で油膜を形成し、遠心力により油を微粒化します。

・低圧気流噴霧式バーナは、比較的低圧の空気を霧化媒体として燃料油を微粒化します。霧化媒体を使用するためターンダウン比は広くなります。

・ガンタイプバーナは、ファンと圧力噴霧式バーナを組み合わせたもので、形がピストルに似ているため、このように呼ばれています。ターンダウン比が狭いので、オン・オフ動作によって自動制御を行っているものが多いです。

・霧化媒体を使用すると、ターンダウン比（燃料の流量の調整範囲）が広くなり、霧化が良好に行われます。逆に、霧化媒体を使用しないとターンダウン比は狭くなります。

・ターンダウン比が広いのは高圧蒸気（空気）噴霧式バーナ、低圧気流噴霧式バーナになります。

気体燃料の燃焼方式

▶本文 P.208〜213　▶テキスト P.221〜222

・気体燃料の燃焼方式は、ガスと空気の混合方法によって、拡散燃焼方式と予混合燃焼方式の 2 つに分類されます。

・拡散燃焼方式は、ガスと空気を別々にバーナに供給する方法です。バーナ内に可燃混合気を作らないため、逆火の危険性が生じません。気体燃料を使うボイラー用バーナのほとんどがこの方式を利用しています。

・予混合燃焼方式は、燃料ガスに空気を予め混合して燃焼させる方式です。安定した火炎を作りやすい反面、逆火の危険性が生じます。大容量バーナには利用されにくく、パイロット（点火用）バーナに利用されることが多いです。

・予混合燃焼方式には、燃料と必要量の空気を予め混合した完全予混合バーナと、燃料と一次空気をあらかじめ混合し、残りを二次空気として外周から供給する部分予混合バーナがあります。

気体燃焼の特徴

▶本文 P.208〜213　▶テキスト P.222

・空気との混合状態を比較的自由に設定でき、火炎の広がりや長さなどの調節が容易です。

・安定した燃焼が得られ、点火や消火が容易で自動化しやすくなります。

・重油のような燃料加熱、霧化媒体である高圧空気や蒸気が不要です。

・ガス火炎は、油火炎に比べて放射率が低く、放射伝熱量が減り、対流伝熱量が増します。

ガスバーナの種類と構造

▶本文 P.208〜213　▶テキスト P.223

・センタータイプガスバーナは、空気流の中心にガスノズルがあります。

・リングタイプガスバーナは、リング状の管の内側に多数のガス噴射孔があります。

・マルチスパッドガスバーナは、空気流中に数本（マルチ）のガスノズルがあります。

・ガンタイプガスバーナは、バーナ、ファン、点火装置、燃焼安全装置、負荷制御装置などを一体化したもので、中・小容量ボイラーに用いられるバーナです。

固体燃料の燃焼方式

▶本文P.214〜215　▶テキストP.224〜227

・火格子燃焼方式とは、多数のすき間のある火格子上で、固体燃料を燃焼させる方法で、上込め燃焼と下込め燃焼があります。一次空気はともに下方から供給されます。

・微粉炭バーナ燃焼方式では、まず石炭を微粉炭機（ミル）で粉砕し、これを空気とともに管の中に圧送して微粉炭バーナに送ります。主として、発電用ボイラーや大容量ボイラーに使用されます。

・流動層燃焼方式は、低質な燃料でも使用でき、石灰石を送入することにより炉内脱硫ができます。また、低温燃焼（700〜900℃）のため、窒素酸化物（NO_x）の発生が少なくなることが大きな特徴です。

燃焼室

▶本文P.216〜217　▶テキストP.230〜231

・燃焼室は、着火を容易にするための構造を有し、必要に応じてバーナタイルや着火アーチを設ける必要があります。

・燃焼室の炉壁は、バーナの火炎を放射し、放射熱損失の少ない構造のものであり、空気や燃焼ガスの漏入や漏出があってはいけません。

・燃焼ガスの炉内滞留時間を燃焼完結時間より長くする必要があります。

・燃焼室温度を適当に保つ構造でなければいけません。

・使用バーナは、燃焼室の形状、大きさに適合したものでなければなりません。

・燃焼室熱負荷とは、単位時間における燃焼室の単位容積当たりの発生熱量をいいます。微粉炭バーナで150〜200kW/m³、油・ガスバーナで200〜1,200kW/m³くらいになります。

● **燃焼室に必要な条件と具備すべき要件**

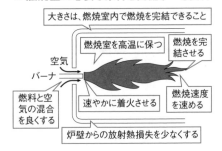

通風

▶本文P.218〜221　▶テキストP.232〜235

・炉および煙道を通して起こる空気および燃焼ガスの流れを通風といい、通風を起こさ

せる圧力差を通風力といいます。

・通風の方式には、煙突だけによる自然通風と機械的方法による人工通風があります。

・自然通風における通風力は、煙突内ガスの密度と外気の密度との差に煙突の高さを乗じたものになります。

・自然通風における通風力は、燃焼ガス温度が高いほど、煙突の高さが高いほど、煙突の直径が大きいほど通風力が大きくなります。

・人工通風には、押込通風、誘引通風、平衡通風の3種類があります。

・押込通風は、加圧燃焼になります。主に炉筒煙管ボイラーに使用されます。

・誘引通風は、所要動力が大きく、ファンの腐食や摩耗が起こりやすくなります。

・平衡通風は、押込ファンと誘引ファンを併用したものです。

● 人工通風の比較

人工通風	取付位置	炉内圧（大気圧に対する）	空気の漏入出	動力
押込通風	燃焼室入口	高い圧力	漏入なし	小
誘引通風	煙道終端または煙突下	やや低い	漏出なし	大
平衡通風	燃焼室入口および煙道終端	やや低い	漏出なし	中

ファンとダンパ

▶本文P.222〜223　▶テキストP.236〜237

ファン

・ファンの形式には、多翼形、ターボ形、プレート形の3種類があります。

・多翼形ファンは、小型、軽量、安価で、効率が低いため、大きな動力を要します。高温、高圧、高速には適しません。

・ターボ形ファン（後向き形ファン）は、効率が良好で小さな動力で足り、高温、高圧、大容量のものに適します。形状が大きく、高価になります。

・プレート形ファン（ラジアル形ファン）は、風圧は多翼形ファンとターボ形ファンの間にあり、強度があり、摩耗、腐食に強いです。大型で、重量も大きく、設備費が高くなります。

ダンパ

・ダンパには、回転式ダンパと昇降式ダンパがあります。

・ダンパを設ける目的は、通風力を調整、ガスの流れを遮断、煙道にバイパスがある場合にはガスの流れを切り替えるなどがあります。

01 燃料概論

問001

重要度
★★★

次の文中の _____ 内に入れるAからCまでの語句の組合せとして、正しいものは1～5のうちどれか。

「燃料の ___A___ 分析では、固体燃料を気乾試料にして、水分、灰分及び ___B___ の質量を測定し、残りを ___C___ とみなす。」

	A	B	C
1	元素	固定炭素	揮発分
2	元素	揮発分	炭素分
3	組成	揮発分	固定炭素
4	工業	揮発分	固定炭素
5	工業	固定炭素	揮発分

（平成30年度／後期／問21）

問002

重要度
★★★

石炭の工業分析において、分析値として表示されない成分は次のうちどれか。

1 水分

2 灰分

3 揮発分

4 固定炭素

5 水素

（令和3年度／前期／問23）

問 001 **ポイント** 燃料の組成を知るための分析方法には、工業分析、元素分析、成分分析があります。 ▶テキストP.192

正解 **4**

「燃料の**工業分析**では、固体燃料を気乾試料にして、水分、灰分および揮発分の質量を測定し、残りを**固定炭素**とみなす。」

問 002 **ポイント** 固体燃料の分析方法には、工業分析があり、固定炭素が多いほど、良質な燃料です。出題頻度は高いです。 ▶テキストP.192

正解 **5**

1 水分は、石炭の工業分析において、分析値として表示される成分です。 ×

2 灰分は、石炭の工業分析において、分析値として表示される成分です。 ×

3 揮発分は、石炭の工業分析において、分析値として表示される成分です。 ×

4 固定炭素は、石炭の工業分析において、分析値として表示される成分です。 ×

5 燃料の**工業分析**では、固体燃料を気乾試料にして、**水分、灰分および揮発分**の質量を測定し、残りを**固定炭素**とみなします。 ○

🔎 Point

燃料概論で押さえるポイント

燃料の分析方法（工業分析、元素分析、成分分析）、着火温度（他から点火しない）と引火点（他から点火する）、高発熱量（潜熱を含む）と低発熱量（潜熱を含まない）などはしっかりと押さえておきましょう。

問003 燃料の分析及び性質について、誤っているものは次のうちどれか。

1 組成を示す場合、通常、液体燃料及び固体燃料には元素分析が、気体燃料には成分分析が用いられる。

2 燃料を空気中で加熱し、他から点火しないで自然に燃え始める最低の温度を、着火温度という。

3 発熱量とは、燃料を完全燃焼させたときに発生する熱量をいう。

4 高発熱量は、水蒸気の顕熱を含んだ発熱量で、真発熱量ともいう。

5 高発熱量と低発熱量の差は、燃料に含まれる水素及び水分の割合によって決まる。

（平成30年度／後期／問25）

問004 燃料の分析及び性質について、誤っているものは次のうちどれか。

1 組成を示す場合、通常、液体燃料及び固体燃料には成分分析が、気体燃料には元素分析が用いられる。

2 発熱量とは、燃料を完全燃焼させたときに発生する熱量をいう。

3 高発熱量は、水蒸気の潜熱を含んだ発熱量で、総発熱量ともいう。

4 高発熱量と低発熱量の差は、燃料に含まれる水素及び水分の割合によって決まる。

5 気体燃料の発熱量の単位は、通常、MJ/m^3 で表す。

（令和元年度／前期／問22）

問 003 ▶**ポイント** 発熱量は、高発熱量と低発熱量の2つの表し方があります。低発熱量は、高発熱量より水蒸気の潜熱を差し引いた発熱量で、真発熱量とも言います。 ▶テキストP.193

正解 **4**

1 組成を示す場合、通常、液体燃料および固体燃料には**元素分析**が、気体燃料には**成分分析**が用いられます。 ○

2 燃料を空気中で加熱し、他から**点火しないで自然に燃え始める最低の温度**を、**着火温度**といいます。 ○

3 発熱量とは、燃料を**完全燃焼**させたときに発生する熱量をいいます。 ○

4 **高発熱量**は、水蒸気の潜熱を含んだ発熱量で、**総発熱量**ともいいます。 ✕

5 高発熱量と低発熱量の差は、燃料に含まれる**水素および水分の割合**によって決まります。 ○

問 004 ▶**ポイント** 元素分析は、液体燃料や固体燃料の分析に用いられます。 ▶テキストP.193

正解 **1**

1 組成を示す場合、通常、**液体燃料および固体燃料**には、**炭素、水素、窒素および硫黄**を測定し、100からこれらの成分を差し引いた値を酸素として扱う**元素分析**が用いられ、質量（%）で表します。**気体燃料**には、メタン、エタンなどの含有成分を測定する**成分分析**が用いられ、体積（%）で表します。 ✕

2 発熱量とは、燃料を**完全燃焼**させたときに発生する熱量をいいます。 ○

3 高発熱量は、水蒸気の潜熱を含んだ発熱量で、**総発熱量**ともいいます。 ○

4 高発熱量と低発熱量の差は、燃料に含まれる**水素および水分の割合**によって決まります。 ○

5 気体燃料の発熱量の単位は、通常、MJ/m^3 で表します。 ○

問 005 ▷ 燃料の分析及び性質について、誤っているものは次のうちどれか。

重要度
★★★

1 組成を示す場合、通常、液体燃料には成分分析が、気体燃料には元素分析が用いられる。

2 工業分析は、固体燃料の成分を分析する一つの方法で、石炭の燃焼特性などを把握するのに有効である。

3 発熱量とは、燃料を完全燃焼させたときに発生する熱量である。

4 発熱量の単位は、固体及び液体燃料の場合、一般にMJ/kgが用いられる。

5 高発熱量と低発熱量の差は、燃料に含まれる水素及び水分の割合によって決まる。

（令和3年度／後期／問26）

問 006 ▷ 次の文中の [   ] 内に入れるA及びBの語句の組合せとして、正しいものは1～5のうちどれか。

重要度
★★★

「液体燃料を加熱すると [A] が発生し、これに小火炎を近づけると瞬間的に光を放って燃え始める。この光を放って燃える最低の温度を [B] という。」

	A	B
1	酸素	引火点
2	酸素	着火温度
3	蒸気	着火温度
4	蒸気	引火点
5	水素	着火温度

（令和2年度／後期／問21）

問 005 ▶ポイント 成分分析は、気体燃料の分析に用いられます。

正解 **1**

▶テキストP.192

1　組成を示す場合、通常、液体燃料には**元素分析**が、気体燃料には**成分分析**が用いられます。　×

2　**工業分析**は、固体燃料の成分を分析する一つの方法で、石炭の燃焼特性などを把握するのに有効です。　○

3　発熱量とは、燃料を**完全燃焼**させたときに発生する熱量です。　○

4　発熱量の単位は、**固体および液体燃料**で一般にMJ/kg、**気体燃料**でMJ/m³になります。　○

5　高発熱量と低発熱量の差は、燃料に含まれる**水素**および**水分**の割合によって決まります。　○

問 006 ▶ポイント 加熱された燃料が、他から点火しないで自然に燃え始める最低の温度を着火温度（着火点）といいます。　▶テキストP.193

正解 **4**

「液体燃料を加熱すると蒸気が発生し、これに小火炎を近づけると瞬間的に光を放って燃え始める。この光を放って燃える最低の温度を**引火点**という。」

💡Point

燃料概論の頻出問題

工業分析の成分や元素分析の成分を問う問題がよく出題されます。また、着火温度と引火点の違いや、発熱量の定義、高発熱量と低発熱量の違いもしっかり覚えましょう。

問007 重油の性質について、誤っているものは次のうちどれか。

重要度
★★★

1 重油の密度は、温度が上昇すると減少する。

2 密度の小さい重油は、密度の大きい重油より一般に引火点が低い。

3 重油の比熱は、温度及び密度によって変わる。

4 重油が低温になって凝固するときの最低温度を凝固点という。

5 密度の大きい重油は、密度の小さい重油より単位質量当たりの発熱量が小さい。

（令和元年度／後期／問21）

問008 重油の性質について、誤っているものは次のうちどれか。

重要度
★★★

1 重油の密度は、温度が上昇すると減少する。

2 密度の小さい重油は、密度の大きい重油より一般に引火点が低い。

3 重油の比熱は、温度及び密度によって変わる。

4 重油の粘度は、温度が上昇すると低くなる。

5 C重油は、A重油より単位質量当たりの発熱量が大きい。

（平成30年度／前期／問22）

問 007 ▶ポイント　重油は、動粘度によりA重油、B重油、C重油に分類されます。A重油よりB重油、さらにC重油のほうが粘度が高くなります。
▶テキストP.194

1　重油の密度は、温度が上昇すると減少します。　○

2　密度の小さい重油は、密度の大きい重油より一般に引火点が低くなります。　○

3　重油の比熱は、温度および密度によって変わります。　○

4　凝固点は、重油の温度が次第に下がり固まり出す（凝固）最高温度のことをいいます。　×

5　密度の大きい重油は、密度の小さい重油より単位質量当たりの発熱量が小さくなります。　○

問 008 ▶ポイント　重油の粘度、密度、引火点、発熱量などの関係において、発熱量以外は比例関係にあります。
▶テキストP.195

1　重油の密度は、温度が上昇すると減少します。　○

2　密度の小さい重油は、密度の大きい重油より一般に引火点が低くなります。　○

3　重油の比熱は、温度および密度によって変わります。　○

4　重油の粘度は、温度が上昇すると低くなります。　○

5　C重油は、A重油より単位質量当たりの発熱量が小さくなります。　×

重油の性質に関するAからDまでの記述で、正しいもののみを全て挙げた組合せは、次のうちどれか。

重要度
★★★

A 重油の密度は、温度が上昇すると増加する。

B 流動点は、重油を冷却したときに流動状態を保つことのできる最低温度で、一般に温度は凝固点より2.5℃高い。

C 重油の実際の引火点は、一般に100℃前後である。

D 密度の小さい重油は、密度の大きい重油より単位質量当たりの発熱量が大きい。

1 A，B，C

2 A，D

3 B，C

4 B，C，D

5 C，D

（令和3年度／後期／問24）

問010 重油に含まれる水分及びスラッジによる障害について、適切でないものは次のうちどれか。

重要度
★★★

1 水分が多いと、熱損失が増加する。

2 水分が多いと、息づき燃焼を起こす。

3 水分が多いと、油管内でベーパロックを起こす。

4 スラッジは、弁、ろ過器、バーナチップなどを閉塞させる。

5 スラッジは、ポンプ、流量計、バーナチップなどを摩耗させる。

（令和元年度／前期／問23）

問 009 ▶**ポイント** 重油の密度や粘度は、温度が上昇すると小さくなります。

▶テキストP.195

正解 **4**

A 重油の密度は、温度が上昇すると減少します。 ✕

B 重油を冷却して流動状態を保つことができる最低温度の流動点は、重油が低温になって凝固する最高温度の凝固点より2.5℃高い温度になります。 〇

C 重油の実際の引火点は、一般に100℃前後です。 〇

D 密度の小さい重油は、密度の大きい重油より単位質量当たりの発熱量が大きくなります。 〇

問 010 ▶**ポイント** 重油中に水分が多いと、貯蔵中にスラッジの形成などを起こします。ベーパロックは、重油の予熱温度が高すぎる場合に気泡ができて伝熱効率が妨げられる現象です。

▶テキストP.196、P.214

正解 **3**

1 水分が多いと、熱損失が増加します。 〇

2 水分が多いと、息づき燃焼を起こします。 〇

3 重油の予熱温度が高すぎると、油管内でベーパロックを起こします。 ✕

4 スラッジは、弁、ろ過器、バーナチップなどを閉塞させます。 〇

5 スラッジは、ポンプ、流量計、バーナチップなどを摩耗させます。 〇

問011
重要度
★★★

重油に含まれる成分などによる障害について、誤っているものは次のうちどれか。

1 残留炭素分が多いほど、ばいじん量は増加する。
2 水分が多いと、息づき燃焼を起こす。
3 スラッジは、ポンプ、流量計、バーナチップなどを摩耗させる。
4 灰分は、ボイラーの伝熱面に付着し、伝熱を阻害する。
5 硫黄分は、ボイラーの伝熱面に高温腐食を起こす。

（令和元年度／後期／問22）

 問012
重要度
★★★

ボイラーにおける石炭燃焼と比較した重油燃焼の特徴として、誤っているものは次のうちどれか。

1 小さな量の過剰空気で、完全燃焼させることができる。
2 ボイラーの負荷変動に対して、応答性が優れている。
3 燃焼温度が低いため、ボイラーの局部過熱及び炉壁の損傷を起こしにくい。
4 急着火及び急停止の操作が容易である。
5 すすやダストの発生が少ない。

（令和3年度／後期／問25）

問011 **ポイント** 灰分は、高温伝熱面に溶着して高温腐食を起こします。

正解 **5**

▶テキストP.196

1 残留炭素分が多いほど、ばいじん量は増加します。 ○

2 水分が多いと、息づき燃焼を起こします。 ○

3 スラッジは、ポンプ、流量計、バーナチップなどを摩耗させます。 ○

4 灰分は、ボイラーの伝熱面に付着し、伝熱を阻害します。 ○

5 硫黄分は、燃焼中に二酸化硫黄（SO_2）、三酸化硫黄（SO_3）となり、 ×
大気汚染の原因になります。さらに、排ガス中の水蒸気と化合し硫酸蒸
気（H_2SO_4）に変わり、煙突に近い附属設備に低温腐食を起こします。

問012 **ポイント** 重油燃焼は、固体燃焼と比較し、安定した燃焼がしやすくな
りますが、局部過熱や損傷を起こしやすくなります。

正解 **3**

▶テキストP.213

1 小さな量の過剰空気で、完全燃焼させることができます。 ○

2 ボイラーの負荷変動に対して、応答性が優れています。 ○

3 重油燃焼は、燃焼温度が高いため、ボイラーの局部過熱および損傷を起 ×
こしやすくなります。

4 急着火および急停止の操作が容易です。 ○

5 すすやダストの発生が少ないです。 ○

用語

息づき燃焼
燃焼が周期的な圧力変動をするとき、不安定な燃焼状態になること。

ボイラーにおける石炭燃焼と比べた重油燃焼の特徴に関するAからDまでの記述で、正しいもののみを全て挙げた組合せは、次のうちどれか。

重要度
★★★

A 完全燃焼させるときに、より多くの過剰空気量を必要とする。
B ボイラーの負荷変動に対して、応答性が優れている。
C 燃焼温度が高いため、ボイラーの局部過熱及び炉壁の損傷を起こしやすい。
D クリンカの発生が少ない。

1 A，B
2 A，C，D
3 B，C
4 B，C，D
5 B，D

(令和2年度／後期／問25)

ボイラーにおける石炭燃焼と比較した重油燃焼の特徴として、誤っているものは次のうちどれか。

重要度
★★★

1 完全燃焼させるときに、より大きな量の過剰空気が必要となる。
2 ボイラーの負荷変動に対して、応答性が優れている。
3 燃焼温度が高いため、ボイラーの局部過熱及び炉壁の損傷を起こしやすい。
4 クリンカの発生が少ない。
5 急着火及び急停止の操作が容易である。

(令和4年度／前期／問21)

問013 ポイント 過剰空気量とは、燃焼に必要な空気量のうち、理論空気量で不足した空気量のことで、重油燃焼は少なくてすみます。

正解 4

▶テキストP.213

A 重油燃焼は、石炭燃焼と比較し、より**少ない過剰空気量**で**完全燃焼**ができます。　×

B ボイラーの負荷変動に対して、**応答性**が優れています。　○

C 燃焼温度が高いため、ボイラーの**局部過熱**および**炉壁の損傷**を起こしやすいです。　○

D **クリンカ**の発生が少ないです。　○

問014 ポイント 重油燃焼は、品質がほぼ一定で発熱量が高いです。また、輸送や貯蔵なども便利です。

正解 1

▶テキストP.213

1 完全燃焼させるときに、より**少ない量の過剰空気**ですみます。　×

2 ボイラーの負荷変動に対して、**応答性**が優れています。　○

3 燃焼温度が高いため、ボイラーの**局部過熱**および**炉壁の損傷**を起こしやすいです。　○

4 **灰分**が少ないため、**クリンカ**（炉壁に付着した灰）の発生が少ないです。　○

5 **急着火**および**急停止**の操作が**容易**です。　○

Point

液体燃料で押さえるポイント
液体燃料では、重油の性質（密度、比重、粘度、引火点、凝固点、発熱量などの関係）、含まれる成分などによる障害（水分、スラッジ、灰分、硫黄、残留炭素など）、石炭燃焼との比較などをしっかりと押さえておきましょう。

問015 ボイラー用気体燃料について、誤っているものは次のうちどれか。

重要度
★★★

1　LNGは、天然ガスを産地で精製後、− 162℃に冷却し液化したものである。

2　気体燃料は、固体燃料に比べて燃料中の硫黄分や灰分が少なく、公害防止上有利で、また、伝熱面、火炉壁などを汚染することがほとんどない。

3　都市ガスは、液体燃料に比べてNO_xやCO_2の排出量が少なく、また、SO_xは排出しない。

4　LPGは、漏えいすると窪（くぼ）みなどの底部に滞留しやすい。

5　気体燃料は、液体燃料に比べ、一般に配管口径が小さくなるので、配管費、制御機器費などが安くなる。

（令和2年度／前期／問26）

問016 ボイラー用気体燃料について、誤っているものは次のうちどれか。

重要度
★★★

1　気体燃料は、石炭や液体燃料に比べて成分中の水素に対する炭素の比率が高い。

2　都市ガスは、液体燃料に比べてNO_xやCO_2の排出量が少なく、また、SO_xはほとんど排出しない。

3　LPGは、都市ガスに比べて発熱量が大きく、密度が大きい。

4　液体燃料ボイラーのパイロットバーナの燃料には、LPGを使用することが多い。

5　特定のエリアや工場で使用される気体燃料には、石油化学工場で発生するオフガスがある。

（令和3年度／前期／問27）

問015 ▶**ポイント** 気体燃料の短所は、単位容積当たりの発熱量が非常に小さく、また点火や消火時に漏洩した場合にガス爆発の危険性が大きくなります。　▶テキストP.198

正解 5

1 LNGは、天然ガスを産地で精製後、－162℃に冷却し**液化**したものです。　○

2 **気体燃料**は、固体燃料に比べて燃料中の**硫黄分**や**灰分**が少なく、公害防止上有利で、また、伝熱面、火炉壁などを**汚染**することが**ほとんどありません**。　○

3 **都市ガス**は、液体燃料に比べてNO_xやCO_2の排出量が少なく、また、SO_xは**排出しません**。　○

4 LPGは、漏えいすると窪みなどの**底部に滞留**しやすいです。　○

5 気体燃料は、液体燃料に比べ、一般に配管口径が**大きくなる**ので、配管費、制御機器費などが**高くなります**。　×

問016 ▶**ポイント** LNG（液化天然ガス）は密度が小さく、漏洩の場合は上昇し、LPG（液化石油ガス）は密度が大きいため、漏洩の場合は底部へ滞留します。　▶テキストP.198

正解 1

1 気体燃料は、**炭化水素**が主成分で、液体燃料や固体燃料に比べると、炭素に対する**水素**の比率が高くなります。　×

2 **都市ガス**は、液体燃料に比べてNO_xやCO_2の排出量が**少なく**、また、SO_xはほとんど**排出しません**。　○

3 LPGは、都市ガスに比べて**発熱量が大きく**、密度が**大きい**です。　○

4 液体燃料ボイラーの**パイロットバーナ**の燃料には、**LPG**を使用することが多いです。　○

5 特定のエリアや工場で使用される気体燃料には、石油化学工場で発生する**オフガス**があります。　○

重要度
★★★

ボイラー用燃料における、固体燃料と比べた場合の気体燃料の特徴として、誤っているものは次のうちどれか。

1　メタンなどの炭化水素が主成分である。

2　発生する熱量が同じ場合、CO_2 の発生量が少ない。

3　燃料中の硫黄分が少ないので、SO_x の発生を抑制できる。

4　炭素に対する水素の比率が低いため、ばいじんの発生が少ない。

5　漏えいすると、可燃性混合気を作りやすく、爆発の危険性が高い。

（令和元年度／前期／問26）

石炭について、誤っているものは次のうちどれか。

重要度
★★

1　石炭に含まれる固定炭素は、石炭化度の進んだものほど多い。

2　石炭に含まれる揮発分は、石炭化度の進んだものほど多い。

3　石炭に含まれる灰分が多くなると、石炭の発熱量が減少する。

4　石炭の燃料比は、石炭化度の進んだものほど大きい。

5　石炭の単位質量当たりの発熱量は、一般に石炭化度の進んだものほど大きい。

（令和元年度／後期／問28）

問 017 ポイント 気体燃料は、CO_2の排出量が少なく、また、灰分・硫黄分（S）・窒素分（N）の含有量が少なく、排ガスが清浄です。

正解 4

▶テキストP.198

1 メタンなどの炭化水素が主成分です。 　○

2 発生する熱量が同じ場合、CO_2の発生量が少ないです。 　○

3 燃料中の硫黄分が少ないので、SO_xの発生を抑制できます。 　○

4 炭素に対する水素の比率が高いため、ばいじんの発生はほとんどありません。 　✕

5 漏えいすると、可燃性混合気を作りやすく、爆発の危険性が高いです。 　○

問 018 ポイント 石炭化度が進むと、発熱量や固定炭素は多くなります。つまり、石炭化度が進んだ石炭ほど良質なものとなります。

正解 2

▶テキストP.201

1 石炭に含まれる固定炭素は、石炭化度の進んだものほど多いです。 　○

2 石炭に含まれる揮発分は、石炭化度の進んだものほど少なくなります。 　✕

3 石炭に含まれる灰分が多くなると、石炭の発熱量が減少します。 　○

4 石炭の燃料比は、石炭化度の進んだものほど大きいです。 　○

5 石炭の単位質量当たりの発熱量は、一般に石炭化度の進んだものほど大きいです。 　○

Point

気体燃料の特徴

気体燃料は、炭化水素を主成分とし、灰分、硫黄分、窒素分の含有量が少なく、燃焼ガスや排ガスが清浄です。その反面、ガス爆発の危険性や設備費が高くなったりします。必須問題ですので、特徴をしっかりと押さえましょう。

燃焼概論

問019　ボイラーにおける燃料の燃焼について、誤っているものは次のうちどれか。

重要度
★★

1　燃焼には、燃料、空気及び温度の三つの要素が必要である。

2　燃料を完全燃焼させるときに、理論上必要な最小の空気量を理論空気量という。

3　実際空気量は、一般の燃焼では、理論空気量より多い。

4　着火性が良く燃焼速度が速い燃料は、完全燃焼させるときに、狭い燃焼室で良い。

5　排ガス熱による熱損失を少なくするためには、空気比を大きくして完全燃焼させる。

（令和2年度／前期／問27）

問020　ボイラーにおける燃料の燃焼について、誤っているものは次のうちどれか。

重要度
★★★

1　燃焼には、燃料、空気及び温度の三つの要素が必要である。

2　燃料を完全燃焼させるときに、理論上必要な最小の空気量を理論空気量という。

3　理論空気量をA_0、実際空気量をA、空気比をmとすると、$A=mA_0$という関係が成り立つ。

4　一定量の燃料を完全燃焼させるときに、燃焼速度が遅いと狭い燃焼室でも良い。

5　排ガス熱による熱損失を少なくするためには、空気比を小さくし、かつ、完全燃焼させる。

（令和2年度／後期／問23）

問 019 ▶**ポイント** 空気比とは、理論空気量に対する実際空気量の割合をいいます。排ガス熱損失を小さくするためには空気比を小さくして完全燃焼させます。　　　　▶テキストP.204

正解 **5**

1　燃焼には、燃料、空気および温度の三つの要素が必要です。　　　　○

2　燃料を完全燃焼させるときに、理論上必要な最小の空気量を理論空気量といいます。　　　　○

3　実際空気量は、理論空気量では足りない空気量を足したものになるので理論空気量より大きくなります。　　　　○

4　着火性が良く燃焼速度が速い燃料は、完全燃焼させるときに、狭い燃焼室で良いです。　　　　○

5　排ガス熱による熱損失を少なくするためには、空気比を小さくして完全燃焼させます。　　　　×

問 020 ▶**ポイント** 燃焼室の大きさは、燃料の完全燃焼を完結できる大きさにします。着火性が良く燃焼速度が速い燃料は、狭い燃焼室で良いです。　　　　▶テキストP.204

正解 **4**

1　燃焼には、燃料、空気および温度の三つの要素が必要です。　　　　○

2　燃料を完全燃焼させるときに、理論上必要な最小の空気量を理論空気量といいます。　　　　○

3　理論空気量をA_0、実際空気量をA、空気比をmとすると、$A=mA_0$という関係が成り立ちます。　　　　○

4　一定量の燃料を完全燃焼させるときに、燃焼速度が速いと狭い燃焼室でも良いです。　　　　×

5　排ガス熱による熱損失を少なくするためには、空気比を小さくし、かつ、完全燃焼させます。　　　　○

問021 ボイラーの熱損失に関し、次のうち誤っているものはどれか。

1 ボイラーの熱損失には、排ガス熱によるものがある。

2 ボイラーの熱損失には、不完全燃焼ガスによるものがある。

3 ボイラーの熱損失には、ボイラー周壁からの放散熱によるものがある。

4 ボイラーの熱損失のうち最大のものは、一般に不完全燃焼ガスによるものである。

5 空気比を少なくし、かつ、完全燃焼させることにより、排ガス熱による熱損失を小さくできる。

（令和元年度／前期／問30）

問022 ボイラーの熱損失に関するAからDまでの記述で、正しいもののみを全て挙げた組合せは、次のうちどれか。

A ボイラーの熱損失には、不完全燃焼ガスによるものがある。

B ボイラーの熱損失には、ドレンや吹出しによるものは含まれない。

C ボイラーの熱損失のうち最大のものは、一般に排ガス熱によるものである。

D 空気比を小さくすると、排ガス熱による熱損失は大きくなる。

    1 A，B，C

    2 A，C

    3 A，C，D

    4 B，D

    5 C，D

（令和2年度／前期／問25）

問 021 **ポイント** 熱損失は伝わらない熱量のことで、最大のものは一般的に排ガス熱損失になります。

▶テキストP.205

1 ボイラーの熱損失には、**排ガス熱**によるものがあります。 ○

2 ボイラーの熱損失には、**不完全燃焼ガス**によるものがあります。 ○

3 ボイラーの熱損失には、ボイラー周壁からの**放散熱**によるものがあります。 ○

4 ボイラーの熱損失のうち**最大**のものは、一般的に排ガス熱による損失です。 ✕

5 **空気比を少なくし**、かつ、完全燃焼させることにより、排ガス熱による**熱損失を小さく**できます。 ○

問 022 **ポイント** 排ガス熱による熱損失を小さくするためには、空気比を小さくして完全燃焼させます。

▶テキストP.205

A ボイラーの熱損失には、**不完全燃焼ガス**によるものがあります。 ○

B ボイラーの熱損失には、**ドレンや吹出し**によるものも含まれます。 ✕

C ボイラーの熱損失のうち最大のものは、一般に**排ガス熱**によるものです。 ○

D **空気比を小さく**すると、排ガス熱による**熱損失**は小さくなります。 ✕

大気汚染物質とその防止方法

問 023

重要度
★★★

ボイラーの燃料の燃焼により発生する大気汚染物質について、誤っているもの
は次のうちどれか。

1 排ガス中のSO_xは、大部分がSO_3である。

2 排ガス中のNO_xは、大部分がNOである。

3 燃焼により発生するNO_xには、サーマルNO_xとフューエルNO_xがある。

4 フューエルNO_xは、燃料中の窒素化合物の酸化によって生じる。

5 ダストは、灰分が主体で、これに若干の未燃分が含まれたものである。

(令和元年度／後期／問27)

問 024

重要度
★★

ボイラーの燃料の燃焼により発生する大気汚染物質について、誤っているもの
は次のうちどれか。

1 排ガス中のSO_xは、大部分がSO_2である。

2 排ガス中のNO_xは、大部分がNOである。

3 燃料を燃焼させた際に発生する固体微粒子には、すすやダストがある。

4 すすは、燃料の燃焼により分解した炭素が遊離炭素として残存したもので
ある。

5 フューエルNO_xは、燃焼に使用された空気中の窒素が酸素と反応して生
じる。

(令和4年度／前期／問29)

問 023 **ポイント** 大気汚染物質には、主に一酸化炭素（CO）、硫黄酸化物（SO_x）、窒素酸化物（NO_x）、ばいじん（固体微粒子）があります。 ▶テキストP.206

正解 1

1 排ガス中のSO_xの大部分はSO_2になります。 ×

2 排ガス中のNO_xの大部分はNOになります。 ○

3 燃焼により発生するNO_xには、サーマルNO_xとフューエルNO_xがあります。 ○

4 フューエルNO_xは、燃料中の窒素化合物の酸化によって生じます。 ○

5 ダストは、灰分が主体で、これに若干の未燃分が含まれたものです。 ○

問 024 **ポイント** NO_xには、燃焼に使用された空気中の窒素が高温条件下で酸素と反応したサーマルNO_xと、燃焼中の窒素酸化物から酸化したフューエルNO_xがあります。 ▶テキストP.206

正解 5

1 排ガス中のSO_xは、大部分がSO_2です。 ○

2 排ガス中のNO_xは、大部分がNOです。 ○

3 燃料を燃焼させた際に発生する固体微粒子には、すすやダストがあります。 ○

4 すすは、燃料の燃焼により分解した炭素が遊離炭素として残存したものです。 ○

5 サーマルNO_xは、燃焼に使用された空気中の窒素が酸素と反応して生じます。 ×

問025 ボイラーの燃料の燃焼により発生するNO_xの抑制方法として、誤っているものは次のうちどれか。

重要度
★★★

1　燃焼域での酸素濃度を低くする。
2　空気予熱器を設けて燃焼温度を高くする。
3　高温燃焼域における燃焼ガスの滞留時間を短くする。
4　二段燃焼法によって燃焼させる。
5　濃淡燃焼法によって燃焼させる。

（令和2年度／前期／問30）

問026 ボイラーの燃料の燃焼により発生するNO_xの抑制措置として、誤っているものは次のうちどれか。

重要度
★★★

1　燃焼域での酸素濃度を高くする。
2　燃焼温度を低くし、特に局所的高温域が生じないようにする。
3　高温燃焼域における燃焼ガス滞留の時間を短くする。
4　二段燃焼法によって燃焼させる。
5　排ガス再循環法によって燃焼させる。

（平成30年度／後期／問24）

問027 ボイラーの燃料の燃焼により発生するNO_xの抑制方法として、誤っているものは次のうちどれか。

重要度
★★

1　高温燃焼域における燃焼ガスの滞留時間を長くする。
2　窒素化合物の少ない燃料を使用する。
3　燃焼域での酸素濃度を低くする。
4　濃淡燃焼法によって燃焼させる。
5　排ガス再循環法によって燃焼させる。

（令和3年度／前期／問26）

問 025 ▶ポイント▶ 燃焼室内は通常、高温に保ちますが、NO_xが発生したときは燃焼温度を低くします。 ▶テキストP.207

正解 **2**

1 燃焼域での酸素濃度を低くします。 ○

2 燃焼温度を低くし、局所的高温域が生じないようにします。 ✕

3 高温燃焼域における燃焼ガスの滞留時間を短くします。 ○

4 二段燃焼法によって燃焼させます。 ○

5 濃淡燃焼法によって燃焼させます。 ○

問 026 ▶ポイント▶ NO_xは、人体の気道や肺、毛細気管支の粘膜を冒したりするため、発生を抑えなければなりません。 ▶テキストP.207

正解 **1**

1 NO_xは、窒素と余分な酸素が結びついて発生するため、燃焼域での酸素濃度を低くします。 ✕

2 燃焼温度を低くし、特に局所的高温域が生じないようにします。 ○

3 高温燃焼域における燃焼ガスの滞留時間を短くします。 ○

4 二段燃焼法によって燃焼させます。 ○

5 排ガス再循環法によって燃焼させます。 ○

問 027 ▶ポイント▶ 燃焼室内は通常、できるだけ高温に保ちますが、NO_xが発生したときや、抑えたいときは、燃焼温度を低くします。 ▶テキストP.207

正解 **1**

1 NO_xは、高温燃焼域の滞留時間が長いと発生しやすくなるため、高温燃焼域における燃焼ガスの滞留時間を短くします。 ✕

2 窒素化合物の少ない燃料を使用します。 ○

3 燃焼域での酸素濃度を低くします。 ○

4 濃淡燃焼法によって燃焼させます。 ○

5 排ガス再循環法によって燃焼させます。 ○

06 液体燃料の燃焼設備

問028 ボイラーの燃料油タンクについて、誤っているものは次のうちどれか。

重要度
★★

1 燃料油タンクは、用途により貯蔵タンクとサービスタンクに分類される。
2 貯蔵タンクの貯油量は、一般に1週間から1か月間の使用量とする。
3 サービスタンクの貯油量は、一般に最大燃焼量の2時間分程度とする。
4 貯蔵タンクの油送入管は油タンクの上部に、油取出し管はタンクの底部から20～30cm上方に取り付ける。
5 サービスタンク本体には、油ストレーナなどを取り付ける。

（平成30年度／後期／問22）

問029 ボイラーの液体燃料の供給装置について、適切でないものは次のうちどれか。

重要度
★★

1 燃料油タンクは、用途により貯蔵タンクとサービスタンクに分類される。
2 貯蔵タンクには、自動油面調節装置を取り付ける。
3 サービスタンクの貯油量は、一般に最大燃焼量の2時間分程度とする。
4 油ストレーナは、油中の土砂、鉄さび、ごみなどの固形物を除去するものである。
5 油加熱器には、蒸気式と電気式がある。

（令和3年度／前期／問21）

問 028 **ポイント** サービスタンクには、油面計、温度計、自動油面調節装置などを取り付けます。 ▶テキストP.210

正解 **5**

1 燃料油タンクは、用途により**貯蔵タンク**と**サービスタンク**に分類されます。 ○

2 **貯蔵タンク**の貯油量は、一般に**1週間から1か月間**の使用量とします。 ○

3 **サービスタンク**の貯油量は、一般に最大燃焼量の**2時間分**程度とします。 ○

4 貯蔵タンクの**油送入管**は油タンクの上部に、**油取出し管**はタンクの底部から**20～30cm上方**に取り付けます。 ○

5 **油ストレーナ**（ろ過器）はボイラー本体の燃焼装置などの手前（油受入口、バーナの直前、油流量計など）につけます。 ✕

問 029 **ポイント** サービスタンクにつける油加熱器は、粘度の高いB重油やC重油を加熱し粘度を下げる装置です。 ▶テキストP.210

正解 **2**

1 燃料油タンクは、用途により**貯蔵タンク**と**サービスタンク**に分類されます。 ○

2 **サービスタンク**には、**自動油面調節装置**、**油加熱器**、**温度計**などをつけます。 ✕

3 **サービスタンク**の貯油量は、一般に最大燃焼量の**2時間分**程度とします。 ○

4 **油ストレーナ**は、油中の土砂、鉄さび、ごみなどの**固形物**を除去するものです。 ○

5 **油加熱器**には、**蒸気式**と**電気式**があります。 ○

07 液体燃料の燃焼方式

問030

重要度
★★★

油だきボイラーにおける重油の加熱について、適切でないものは次のうちどれか。

1　粘度の高い重油は、噴霧に適した粘度にするため加熱する。

2　Ｃ重油の加熱温度は、一般に80〜105℃である。

3　加熱温度が低すぎると、息づき燃焼となる。

4　加熱温度が低すぎると、霧化不良となり、燃焼が不安定となる。

5　加熱温度が高すぎると、コークス状の残渣が生成される原因となる。

（令和元年度／前期／問24）

問031

重要度
★★★

油だきボイラーにおける重油の加熱について、誤っているものは次のうちどれか。

1　粘度の高い重油は、噴霧に適した粘度にするために加熱する。

2　Ｃ重油の加熱温度は、一般に80〜105℃である。

3　加熱温度が高すぎると、息づき燃焼となる。

4　加熱温度が高すぎると、炭化物生成の原因となる。

5　加熱温度が低すぎると、ベーパロックを起こす。

（令和元年度／後期／問24）

問 030 **ポイント** 液体燃料は、噴霧式燃焼法が用いられ、燃料油を霧化する必要があります。燃料によっては加熱し粘度を下げます。

▶テキストP.214

正解 3

1 粘度の高いB重油やC重油を加熱して噴霧に適当な粘度に下げなければなりません。　○

2 C重油の加熱温度は、一般に80〜105℃です。　○

3 加熱温度が高すぎると、息づき燃焼となります。　×

4 加熱温度が低すぎると、霧化不良やすすの発生が起こります。　○

5 加熱温度が高すぎると、コークス状の残渣が生成される原因となります。　○

問 031 **ポイント** 加熱温度が低すぎると、霧化不良やすすの発生が起こります。加熱温度が高すぎると、息づき燃焼や炭化物生成の原因、ベーパロックを起こしたりします。

▶テキストP.214

正解 5

1 粘度の高いB重油やC重油を加熱して噴霧に適当な粘度に下げなければなりません。　○

2 C重油の加熱温度は、一般に80〜105℃です。　○

3 加熱温度が高すぎると、息づき燃焼となります。　○

4 加熱温度が高すぎると、炭化物生成の原因となります。　○

5 加熱温度が高すぎると、ベーパロックを起こします。　×

用語

ベーパロック

加熱のしすぎで気泡が発生してたまり、伝熱効率が妨げられる現象。

油だきボイラーにおける重油の加熱に関するＡからＤまでの記述で、正しいもののみを全て挙げた組合せは、次のうちどれか。

A　Ａ重油や軽油は、一般に50～60℃に加熱する必要がある。

B　加熱温度が高すぎると、息づき燃焼となる。

C　加熱温度が低すぎると、すすが発生する。

D　加熱温度が低すぎると、バーナ管内でベーパロックを起こす。

　　1　A，B，C
　　2　A，C
　　3　A，D
　　4　B，C
　　5　B，C，D

（令和4年度／前期／問22）

問 033 重油に含まれる成分などによる障害について、誤っているものは次のうちどれか。

1　残留炭素分が多いほど、ばいじん量は増加する。

2　水分が多いと、熱損失が増加する。

3　硫黄分は、主にボイラーの伝熱面に高温腐食を起こす。

4　灰分は、ボイラーの伝熱面に付着し、伝熱を阻害する。

5　スラッジは、ポンプ、流量計、バーナチップなどを摩耗させる。

（令和3年度／前期／問22）

問032 ポイント 重油の適した加熱温度は、B重油は50〜60℃、C重油は80〜105℃になります。　▶テキストP.214

正解 **4**

A　B重油は、一般に50〜60℃に加熱する必要があります。A重油や軽油は、粘度が低いため加熱の必要はありません。　✕

B　加熱温度が高すぎると、息づき燃焼となります。　◯

C　加熱温度が低すぎると、すすが発生します。　◯

D　加熱温度が高すぎると、バーナ管内でベーパロックを起こします。　✕

問033 ポイント 水分、灰分、バナジウム、ナトリウム、残留炭素、スラッジ、硫黄、窒素などが障害の原因になるため、これらの物質の少ない燃料を使う必要があります。　▶テキストP.214

正解 **3**

1　残留炭素分が多いほど、ばいじん量は増加します。　◯

2　水分が多いと、熱損失が増加します。　◯

3　重油燃焼で低温腐食を起こすのは硫黄分で、高温腐食を起こすのは灰分です。　✕

4　灰分は、ボイラーの伝熱面に付着し、伝熱を阻害します。　◯

5　スラッジは、ポンプ、流量計、バーナチップなどを摩耗させます。　◯

問 034 ▷ 重油燃焼によるボイラー及び附属設備の低温腐食の抑制方法として、誤っているものは次のうちどれか。

重要度
★★★

1　硫黄分の少ない重油を選択する。

2　燃焼ガス中の酸素濃度を下げ、燃焼ガスの露点を下げる。

3　給水温度を上昇させて、エコノマイザの伝熱面の温度を高く保つ。

4　ガス式空気予熱器を用いて、蒸気式空気予熱器の伝熱面の温度が高くなり過ぎないようにする。

5　燃焼室及び煙道への空気漏入を防止し、煙道ガスの温度の低下を防ぐ。

（令和元年度／前期／問27）

問 035 ▷ 重油燃焼によるボイラー及び附属設備の低温腐食の抑制方法として、誤っているものは次のうちどれか。

重要度
★★★

1　硫黄分の少ない重油を選択する。

2　燃焼室及び煙道への空気漏入を防止し、煙道ガスの温度の低下を防ぐ。

3　蒸気式空気予熱器を用いて、ガス式空気予熱器の伝熱面の温度が低くなり過ぎないようにする。

4　燃焼ガス中の酸素濃度を上げる。

5　重油に添加剤を加え、燃焼ガスの露点を下げる。

（令和2年度／前期／問23）

問 034 ポイント　ガス式空気予熱器の温度が低下すると、ガス内が結露して低
温腐食の原因になります。　　　　　▶テキストP.215

1　硫黄分の少ない重油を選択します。　　　　　　　　　　　　　　　　◯

2　燃焼ガス中の酸素濃度を下げ、燃焼ガスの露点を下げます。　　　　　◯

3　給水温度を上昇させて、エコノマイザの伝熱面の温度を高く保ちます。　◯

4　蒸気式空気予熱器を用いて、ガス式空気予熱器の伝熱面の温度が低くな
り過ぎないようにします。　　　　　　　　　　　　　　　　　　　　✕

5　燃焼室および煙道への空気漏入を防止し、煙道ガスの温度の低下を防ぎ
ます。　　　　　　　　　　　　　　　　　　　　　　　　　　　　　◯

問 035 ポイント　低温腐食防止対策として、酸素濃度を下げ、二酸化硫黄から
三酸化硫黄への転換を抑制します。　　　　　▶テキストP.215

1　硫黄分の少ない重油を選択します。　　　　　　　　　　　　　　　　◯

2　燃焼室および煙道への空気漏入を防止し、煙道ガスの温度の低下を防ぎ
ます。　　　　　　　　　　　　　　　　　　　　　　　　　　　　　◯

3　蒸気式空気予熱器を用いて、ガス式空気予熱器の伝熱面の温度が低くな
り過ぎないようにします。　　　　　　　　　　　　　　　　　　　　◯

4　燃焼ガス中の酸素濃度を下げます。　　　　　　　　　　　　　　　　✕

5　重油に添加剤を加え、燃焼ガスの露点を下げます。　　　　　　　　　◯

問 036 重油燃焼によるボイラー及び附属設備の低温腐食の抑制方法に関するAからDまでの記述で、誤っているもののみを全て挙げた組合せは、次のうちどれか。

A 高空気比で燃焼させ、燃焼ガス中の SO_2 から SO_3 への転換率を下げる。

B 重油に添加剤を加え、燃焼ガスの露点を上げる。

C 給水温度を上昇させて、エコノマイザの伝熱面の温度を高く保つ。

D 蒸気式空気予熱器を用いて、ガス式空気予熱器の伝熱面の温度が低くなり過ぎないようにする。

 1 A，B
 2 A，B，C
 3 A，B，D
 4 A，D
 5 C，D

（令和2年度／後期／問27）

問 037 重油燃焼によるボイラー及び附属設備の低温腐食の抑制方法に関するAからDまでの記述で、正しいもののみを全て挙げた組合せは、次のうちどれか。

A 燃焼ガス中の酸素濃度を上げる。

B 燃焼ガス温度を、給水温度にかかわらず、燃焼ガスの露点以上に高くする。

C 燃焼室及び煙道への空気漏入を防止し、煙道ガスの温度の低下を防ぐ。

D 重油に添加剤を加え、燃焼ガスの露点を上げる。

 1 A，B
 2 A，B，D
 3 B，C
 4 C，D
 5 C

（令和3年度／後期／問27）

問 036　ポイント　低温腐食防止対策として、燃焼ガスの露点を下げます。

▶テキストP.215

A　低空気比で燃焼させ、燃焼ガス中のSO_2からSO_3への転換率を下げます。　×

B　重油に添加剤を加え、燃焼ガスの露点を下げます。　×

C　給水温度を上昇させて、エコノマイザの伝熱面の温度を高く保ちます。　○

D　蒸気式空気予熱器を用いて、ガス式空気予熱器の伝熱面の温度が低くなり過ぎないようにします。　○

問 037　ポイント　燃焼ガス温度が露点以上に高くても、給水温度が低ければエコノマイザの伝熱面の温度が露点以下になり、低温腐食が起こります。

▶テキストP.215

A　燃焼ガス中の酸素濃度を下げます。　×

B　給水温度にかかわらず、給水温度を上げて、エコノマイザの温度が低くなりすぎないようにします。　×

C　燃焼室および煙道への空気漏入を防止し、煙道ガスの温度の低下を防ぎます。　○

D　重油に添加剤を加え、燃焼ガスの露点を下げます。　×

08 油バーナの種類と構造

問038 ボイラーの油バーナについて、誤っているものは次のうちどれか。

重要度
★★★

1 圧力噴霧式バーナは、油に高圧力を加え、これをノズルチップから炉内に噴出させて微粒化するものである。

2 プランジャ式圧力噴霧バーナは、単純な圧力噴霧式バーナに比べ、ターンダウン比が狭い。

3 高圧蒸気噴霧式バーナは、比較的高圧の蒸気を霧化媒体として油を微粒化するもので、ターンダウン比が広い。

4 回転式バーナは、回転軸に取り付けられたカップの内面で油膜を形成し、遠心力により油を微粒化するものである。

5 ガンタイプバーナは、ファンと圧力噴霧式バーナを組み合わせたもので、燃焼量の調節範囲が狭い。

（令和元年度／前期／問25）

問039 ボイラーの油バーナについて、適切でないものは次のうちどれか。

重要度
★★★

1 圧力噴霧式バーナは、油に高圧力を加え、これをノズルチップから炉内に噴出させて微粒化するものである。

2 戻り油式圧力噴霧バーナは、単純な圧力噴霧式バーナに比べ、ターンダウン比が広い。

3 高圧蒸気噴霧式バーナは、比較的高圧の蒸気を霧化媒体として油を微粒化するもので、ターンダウン比が広い。

4 回転式バーナは、回転軸に取り付けられたカップの内面で油膜を形成し、遠心力により油を微粒化するものである。

5 ガンタイプバーナは、ファンと空気噴霧式バーナを組み合わせたもので、燃焼量の調節範囲が広い。

（令和2年度／後期／問22）

問 038 **ポイント** ターンダウン比とは、バーナ1本あたりの最大、最少燃焼時
における燃料比のことで、燃料の流量（負荷）の調整範囲に
関係します。　　　　　　　　　　　　▶テキストP.218

1　圧力噴霧式バーナは、油に高圧力を加え、これをノズルチップから炉内　　　○
　に噴出させて微粒化するものです。

2　プランジャ式圧力噴霧バーナは、単純な圧力噴霧式バーナに比べ、ター　　　×
　ンダウン比が広くなります。

3　高圧蒸気噴霧式バーナは、比較的高圧の蒸気を霧化媒体として油を微粒　　　○
　化するもので、ターンダウン比が広くなります。

4　回転式バーナは、回転軸に取り付けられたカップの内面で油膜を形成し、　　　○
　遠心力により油を微粒化するものです。

5　ガンタイプバーナは、ファンと圧力噴霧式バーナを組み合わせたもので、　　　○
　燃焼量の調節範囲が狭くなります。

問 039 **ポイント** ターンダウン比は霧化媒体を使用するものは広くなり、使用
しないものは狭くなります。　　　　　　　▶テキストP.217

1　圧力噴霧式バーナは、油を微粒化するときに、霧化媒体を使用しないこ　　　○
　とが特徴です。

2　戻り油式圧力噴霧バーナは、単純な圧力噴霧式バーナに比べ、ターンダ　　　○
　ウン比が広くなります。

3　高圧蒸気噴霧式バーナは、ターンダウン比は、戻り油式圧力が噴霧バー　　　○
　ナよりさらに広くなります。

4　回転式バーナは、中・小容量ボイラーに多く使われています。　　　　　　　○

5　ガンタイプバーナは、霧化媒体を使用しないので、燃料の調整範囲　　　×
　（ターンダウン比）が狭くなります。

問040 霧化媒体を必要とするボイラーの油バーナは、次のうちどれか。

重要度
★★★

1　プランジャ式圧力噴霧バーナ

2　戻り油式圧力噴霧バーナ

3　回転式バーナ

4　ガンタイプバーナ

5　蒸気噴霧式バーナ

（令和2年度／前期／問21）

問041 ボイラーの圧力噴霧式バーナの噴射油量を調節し、又はその調節範囲を大きくする方法として、最も適切でないものは次のうちどれか。

重要度
★★★

1　バーナの数を加減する。

2　バーナのノズルチップを取り替える。

3　油加熱器を用いる。

4　戻り油式圧力噴霧バーナを用いる。

5　プランジャ式圧力噴霧バーナを用いる。

（令和3年度／前期／問25）

問040 **ポイント** 霧化媒体とは、燃料油を霧化するために使われる、高圧空気や高圧蒸気のことです。

▶テキストP.216

正解 **5**

1 プランジャ式圧力噴霧バーナは、霧化媒体を必要としません。 ×

2 戻り油式圧力噴霧バーナは、霧化媒体を必要としません。 ×

3 回転式バーナは、霧化媒体を必要としません。 ×

4 ガンタイプバーナは、霧化媒体を必要としません。 ×

5 **ターンダウン比**を広くするためには、バーナの数を加減する、ノズルチップを取り替える、戻り油式圧力噴霧バーナを用いる、プランジャ式圧力噴霧バーナを用いるなどの方法があります。**霧化媒体**を使用する高圧蒸気（空気）噴霧式バーナや低圧気流噴霧式バーナは**ターンダウン比が広い**です。 ○

問041 **ポイント** 重油の加熱温度は、B重油は50〜60℃、C重油は80〜105℃になります。粘度の低いA重油は加熱しません。

▶テキストP.217

正解 **3**

1 バーナの数を加減します。 ○

2 バーナのノズルチップを取り替えます。 ○

3 油加熱器は、主に粘度の高いB重油やC重油に使用され、燃料油を加熱して噴霧に適した粘度まで下げる装置です。そのため、噴射油量を調節や調節範囲を大きくする方法には適しません。 ×

4 戻り油式圧力噴霧バーナを用います。 ○

5 プランジャ式圧力噴霧バーナを用います。 ○

用語

霧化媒体

油を霧化するために使う、蒸気や空気のこと。

次の文中の 内に入れるAからCまでの語句の組合せとして、正しい
ものは1～5のうちどれか。

「ガンタイプオイルバーナは、 A と B 式バーナとを組み合わせ
たもので、燃焼量の調節範囲が C 、オンオフ動作によって自動制御を
行っているものが多い。」

	A	B	C
1	ファン	圧力噴霧	狭く
2	ファン	圧力噴霧	広く
3	ノズルチップ	蒸気噴霧	狭く
4	ノズルチップ	蒸気噴霧	広く
5	アトマイザ	圧力噴霧	広く

（平成30年度／後期／問27）

次の文中の 内に入れるA及びBの語句の組合せとして、正しいもの
は1～5のうちどれか。

「ガンタイプオイルバーナは、ファンと A 式バーナとを組み合わせたも
ので、燃焼量の調節範囲が狭く、 B 動作によって自動制御を行っている
ものが多い。」

	A	B
1	圧力噴霧	比例
2	圧力噴霧	ハイ・ロー・オフ
3	圧力噴霧	オンオフ
4	蒸気噴霧	ハイ・ロー・オフ
5	空気噴霧	オンオフ

（令和4年度／前期／問25）

問 042 ▶ **ポイント** ガンタイプオイルバーナは、ファンと圧力噴霧式バーナとを組み合わせたもので、燃焼量の調節範囲が狭く、オンオフ動作によって自動制御を行っているものが多くなります。

▶テキストP.220

正解 1

「ガンタイプオイルバーナは、**ファン**と**圧力噴霧式**バーナとを組み合わせたもので、燃焼量の調節範囲が**狭く**、オンオフ動作によって自動制御を行っているものが多い。」

問 043 ▶ **ポイント** ガンタイプオイルバーナは、穴埋めの問題が出題されます。いくつかのパターンがありますので、対応できるようにしましょう。

▶テキストP.220

正解 3

「ガンタイプオイルバーナは、ファンと**圧力噴霧式**バーナとを組み合わせたもので、燃焼量の調節範囲が狭く、**オンオフ**動作によって自動制御を行っているものが多い。」

💡 **Point**

油バーナの種類と構造の出題傾向
各種バーナの原理と構造をしっかり覚えましょう。また、ターンダウン比が広いものと狭いものは何バーナか、霧化媒体を必要とするのは何バーナかがよく出題されるので、しっかりと押さえておきましょう。

09 気体燃料の燃焼方式

問044 ボイラーにおける気体燃料の燃焼方式について、誤っているものは次のうちどれか。

重要度
★★★

1 拡散燃焼方式は、安定した火炎を作りやすいが、逆火の危険性が高い。
2 拡散燃焼方式は、火炎の広がり、長さなどの調節が容易である。
3 拡散燃焼方式は、ほとんどのボイラー用バーナに採用されている。
4 予混合燃焼方式は、ボイラー用パイロットバーナに採用されることがある。
5 予混合燃焼方式は、気体燃料に特有な燃焼方式である。

（令和元年度／後期／問25）

問045 ボイラーにおける気体燃料の燃焼方式について、誤っているものは次のうちどれか。

重要度
★★★

1 拡散燃焼方式は、ガスと空気を別々にバーナに供給し、燃焼させる方法である。
2 拡散燃焼方式を採用した基本的なボイラー用バーナとして、センタータイプバーナがある。
3 拡散燃焼方式は、火炎の広がり、長さなどの調節が容易である。
4 予混合燃焼方式は、安定した火炎を作りやすいので、大容量バーナに採用されやすい。
5 予混合燃焼方式は、気体燃料に特有な燃焼方式である。

（令和3年度／前期／問24）

問 044 ▶ポイント 気体燃料の燃焼方式には、拡散燃焼方式と予混合燃焼方式が あります。 ▶テキストP.221

正解
1

1 拡散燃焼方式は、ガスと空気が別々にバーナに供給されるため、逆火の 危険性がありません。 ✕

2 拡散燃焼方式は、火炎の広がり、長さなどの調節が容易です。 ◯

3 拡散燃焼方式は、ほとんどのボイラー用バーナに採用されています。 ◯

4 予混合燃焼方式は、ボイラー用パイロットバーナに採用されることがあ ります。 ◯

5 予混合燃焼方式は、気体燃料に特有な燃焼方式です。 ◯

問 045 ▶ポイント 予混合燃焼方式は、特に完全予混合バーナは点火用のパイ ロットバーナなどに利用されます。 ▶テキストP.221

正解
4

1 拡散燃焼方式は、ガスと空気を別々にバーナに供給し、燃焼させる方法 です。 ◯

2 拡散燃焼方式を採用した基本的なボイラー用バーナとして、センタータ イプバーナがあります。 ◯

3 拡散燃焼方式は、火炎の広がり、長さなどの調節が容易です。 ◯

4 予混合燃焼方式は、燃料ガスと空気をあらかじめ混合して燃焼させる方 式のため、安定した火炎を作りやすい反面、逆火の危険性が生じます。 そのため、大容量バーナには利用されにくいです。 ✕

5 予混合燃焼方式は、気体燃料に特有な燃焼方式です。 ◯

✏️ **学習法**

気体燃料の燃焼方式とガスバーナ

気体燃料の燃焼方式（拡散燃焼と予混合燃焼）とガスバーナ（センタータイプ、リ ングタイプ、マルチスパッド、ガンタイプ）については、毎年出題されています。 特徴をしっかりと押さえておきましょう。

ボイラーにおける**気体燃料の燃焼**の特徴として、誤っているものは次のうちどれか。

1 燃焼させるときに、蒸発などのプロセスが不要である。

2 燃料の加熱又は霧化媒体の高圧空気が必要である。

3 安定した燃焼が得られ、点火及び消火が容易で、かつ、自動化しやすい。

4 空気との混合状態を比較的自由に設定でき、火炎の広がり、長さなどの調節が容易である。

5 ガス火炎は、油火炎に比べて、接触伝熱面での伝熱量が多い。

（令和4年度／前期／問24）

ボイラー用ガスバーナについて、誤っているものは次のうちどれか。

1 ボイラー用ガスバーナの燃焼方式には、拡散燃焼方式と予混合燃焼方式とがある。

2 予混合燃焼方式のガスバーナは、安定した火炎を作りやすく、逆火の危険性が低いため、大容量のボイラーに用いられる。

3 センタータイプガスバーナは、空気流の中心にガスノズルを有し、先端からガスを放射状に噴射する。

4 リングタイプガスバーナは、リング状の管の内側に多数のガス噴射孔を有し、ガスを空気流の外側から内側に向けて噴射する。

5 マルチスパッドガスバーナは、空気流中に数本のガスノズルを有し、ガスノズルを分割することによりガスと空気の混合を促進する。

（令和2年度／前期／問28）

問 046 ▶ポイント 気体燃料は、霧化が必要ないため、燃料の加熱や霧化媒体を
必要としません。
▶テキストP.222

1 燃焼させるときに、**蒸発**などのプロセスが**不要**です。 〇

2 気体のため、これらの過程は必要ありません。 ×

3 安定した燃焼が得られ、**点火**および**消火**が**容易**で、かつ、自動化しやす 〇
いです。

4 空気との混合状態を比較的自由に設定でき、**火炎の広がり**、**長さ**などの 〇
調節が**容易**です。

5 ガス火炎は、油火炎に比べて、**接触伝熱面での伝熱量が多い**です。 〇

問 047 ▶ポイント 拡散燃焼方式は、逆火の危険性がなく、ボイラー本体のバー
ナとして使用され、予混合燃焼方式はパイロットバーナに使
用されます。
▶テキストP.221

1 ボイラー用ガスバーナの燃焼方式には、**拡散燃焼方式**と**予混合燃焼方式** 〇
とがあります。

2 **予混合燃焼方式**は、燃料ガスと空気をあらかじめ**混合**して燃焼させる方 ×
式のため、安定した火炎を作りやすい反面、**逆火の危険性**が**生じます**。
そのため、大容量バーナには利用されにくくなります。

3 **センタータイプガスバーナ**は、空気流の**中心**にガスノズルを有し、先端 〇
からガスを放射状に噴射します。

4 **リングタイプガスバーナ**は、リング状の管の内側に多数のガス噴射孔を 〇
有し、ガスを空気流の外側から内側に向けて噴射します。

5 **マルチスパッドガスバーナ**は、空気流中に**数本**のガスノズルを有し、ガ 〇
スノズルを分割することによりガスと空気の混合を促進します。

ボイラー用ガスバーナについて、AからDまでの記述のうち、正しいもののみを全て挙げた組合せは、次のうちどれか。

A　ボイラー用ガスバーナは、ほとんどが拡散燃焼方式を採用している。

B　センタータイプガスバーナは、空気流の中心にガスノズルを有し、先端からガスを放射状に噴射する。

C　拡散燃焼方式ガスバーナは、空気の流速・旋回強さ、ガスの分散・噴射方法、保炎器の形状などにより、火炎の形状やガスと空気の混合速度を調節できる。

D　マルチスパッドガスバーナは、リング状の管の内側に多数のガス噴射孔を有し、空気流の外側からガスを内側に向かって噴射する。

1　A，B，C　　　　4　B，C

2　A，C，D　　　　5　B，C，D

3　A，D

（令和元年度／前期／問28）

次の文中の　　　　　　　　　内に入れるAからCまでの語句の組合せとして、正しいものは1～5のうちどれか。

「　　A　　燃焼における　　B　　は、燃焼装置にて燃料の周辺に供給され、初期燃焼を安定させる。また、　　C　　は、旋回又は交差流によって燃料と空気の混合を良好に保ち、燃焼を完結させる。」

	A	B	C
1	流動層	一次空気	二次空気
2	流動層	二次空気	一次空気
3	油・ガスだき	一次空気	二次空気
4	油・ガスだき	二次空気	一次空気
5	火格子	一次空気	二次空気

（令和元年度／後期／問30）

問 048 **ポイント** ガスバーナの種類には、センタータイプ、リングタイプ、マルチスパッド、ガンタイプなどがあります。

▶テキストP.223

正解 **1**

A　ボイラー用ガスバーナは、ほとんどが**拡散燃焼方式**を採用しています。　〇

B　**センタータイプガスバーナ**は、**空気流の中心**にガスノズルを有し、先端からガスを放射状に噴射します。　〇

C　**拡散燃焼方式ガスバーナ**は、空気の流速・旋回強さ、ガスの分散・噴射方法、保炎器の形状などにより、火炎の形状やガスと空気の混合速度を**調節**できます。　〇

D　**リングタイプ**は、リング状の管の内側に多数のガス噴射孔を有し、空気流の外側からガスを内側に向かって噴射します。　✕

問 049 **ポイント** 一次空気とは、燃料供給装置から入れられる燃焼用空気をいいます。二次空気とは、燃焼用空気量が一次空気だけでは不足するときに燃焼室に送り込まれる、不足分を補う空気量をいいます。

▶テキストP.222

正解 **3**

「**油・ガスだき燃焼における一次空気**は、燃焼装置にて燃料の周辺に供給され、初期燃焼を安定させる。また、**二次空気**は、旋回または交差流によって燃料と空気の混合を良好に保ち、燃焼を完結させる。」

💡**Point**

燃焼における一次空気と二次空気

燃焼における一次空気と二次空気については、近年、出題頻度が高まっています。特に、燃焼において大部分を占めるのは一次空気であることは、しっかりと押さえておきましょう。

問050 ボイラーの燃焼における一次空気及び二次空気について、誤っているものは次のうちどれか。

重要度
★★

1　油・ガスだき燃焼における一次空気は、噴射された燃料の周辺に供給され、初期燃焼を安定させる。

2　微粉炭バーナ燃焼における二次空気は、微粉炭と予混合してバーナに送入される。

3　火格子燃焼における一次空気は、一般の上向き通風の場合、火格子下から送入される。

4　火格子燃焼における二次空気は、燃料層上の可燃性ガスの火炎中に送入される。

5　火格子燃焼における一次空気と二次空気の割合は、一次空気が大部分を占める。

（令和2年度／後期／問29）

問051 ボイラーにおける石炭燃料の流動層燃焼方式の特徴として、誤っているものは次のうちどれか。

重要度
★★

1　低質な燃料でも使用できる。

2　層内に石灰石を送入することにより、炉内脱硫ができる。

3　層内での伝熱性能が良いので、ボイラーの伝熱面積を小さくできる。

4　層内温度は、1,500℃前後である。

5　微粉炭バーナ燃焼方式に比べて石炭粒径が大きく、粉砕動力を軽減できる。

（平成30年度／前期／問27）

問 050 ポイント 微粉炭バーナ燃焼における一次空気は、バーナ周辺より供給される二次空気とともに燃焼室内に拡散されて燃焼します。

正解 **2**

▶テキストP.225

1 油・ガスだき燃焼における**一次空気**は、噴射された燃料の周辺に供給され、**初期燃焼**を安定させます。　○

2 微粉炭バーナ燃焼における**一次空気**は、微粉炭と予混合してバーナに送入されます。　×

3 火格子燃焼における一次空気は、一般の**上向き通風**の場合、火格子下から送入されます。　○

4 火格子燃焼における**二次空気**は、燃料層上の可燃性ガスの**火炎中**に送入されます。　○

5 火格子燃焼における一次空気と二次空気の割合は、**一次空気**が大部分を占めます。　○

問 051 ポイント 流動層燃焼方式は、低温燃焼（700〜900℃）のため、窒素酸化物（NO_x）の発生が少なくなることが大きな特徴です。

正解 **4**

▶テキストP.226

1 **低質な燃料**でも使用できます。　○

2 層内に石灰石を送入することにより、**炉内脱硫**ができます。　○

3 層内での伝熱性能が良いので、ボイラーの伝熱面積を**小さく**できます。　○

4 層内温度は、700〜900℃前後です。　×

5 微粉炭バーナ燃焼方式に比べて石炭粒径が**大きく**、粉砕動力を**軽減**できます。　○

11 燃焼室

問 052

重要度 ★★

油だきボイラーの燃焼室が具備すべき要件として、誤っているものは次のうちどれか。

1　バーナの火炎が伝熱面や炉壁を直射しない構造であること。
2　燃料と燃焼用空気との混合が有効に、かつ、急速に行われる構造であること。
3　炉壁は、空気や燃焼ガスの漏入・漏出がなく、放射熱損失の少ない構造であること。
4　燃焼室は、燃焼ガスの炉内滞留時間が燃焼完結時間より短くなる大きさであること。
5　バーナタイルを設けるなど、着火を容易にする構造であること。

（平成30年度／後期／問28）

問 053

重要度 ★★

油だきボイラーの燃焼室が具備すべき要件に関するAからDまでの記述で、正しいもののみを全て挙げた組合せは、次のうちどれか。

A　燃料と燃焼用空気との混合が有効に、かつ、急速に行われる構造であること。
B　燃焼室は、燃焼ガスの炉内滞留時間が燃焼完結時間より長くなる大きさであること。
C　バーナタイルを設けるなど、着火を容易にする構造であること。
D　バーナの火炎が伝熱面や炉壁を直射し、伝熱効果を高める構造であること。

1　A，B
2　A，B，C
3　A，C
4　A，C，D
5　C，D

（令和4年度／前期／問30）

解説

問 052　ポイント 燃焼ガスが、炉内に滞留している間に、燃焼が完結しなければいけないので、炉内滞留時間のほうが長くならなければいけません。

▶テキストP.231

正解 4

1　バーナの火炎が伝熱面や炉壁を**直射**しない構造であることは、具備すべき要件です。　〇

2　燃料と燃焼用空気との**混合**が有効に、かつ、**急速**に行われる構造であることは、具備すべき要件です。　〇

3　炉壁は、空気や燃焼ガスの**漏入・漏出**がなく、**放射熱損失**の少ない構造であることは、具備すべき要件です。　〇

4　燃焼室は、燃焼ガスの炉内滞留時間が燃焼完結時間より**長くなる**大きさでなければなりません。　✕

5　バーナタイルを設けるなど、**着火**を容易にする構造であることは、具備すべき要件です。　〇

問 053　ポイント バーナの火炎が伝熱面や炉壁を直射すると、熱負荷を高め、焼損したりするため、直射しない放射によって伝熱します。

▶テキストP.230

正解 2

A　燃料と燃焼用空気との**混合**が有効に、かつ、**急速**に行われる構造であることは、具備すべき要件です。　〇

B　燃焼室は、燃焼ガスの炉内滞留時間が燃焼完結時間より**長くなる**大きさであることは、具備すべき要件です。　〇

C　バーナタイルを設けるなど、**着火**を容易にする構造であることは、具備すべき要件です。　〇

D　燃焼室は、バーナの火炎が伝熱面や炉壁を**直射**しない（放射）構造とします。　✕

問 054 ボイラーの通風に関して、誤っているものは次のうちどれか。

重要度 ★★★

1 炉及び煙道を通して起こる空気及び燃焼ガスの流れを、通風という。

2 煙突によって生じる自然通風力は、煙突内のガスの密度と外気の密度との差に煙突高さを乗じることにより求められる。

3 押込通風は、炉内が大気圧以上の圧力となるので、気密が不十分であっても、燃焼ガスが外部へ漏れ出すことはない。

4 誘引通風は、比較的高温で体積の大きな燃焼ガスを取り扱うので、大型のファンを必要とする。

5 平衡通風は、通風抵抗の大きなボイラーでも強い通風力が得られ、必要な動力は押込通風より大きく、誘引通風より小さい。

（令和元年度／前期／問29）

問 055 ボイラーの通風に関して、誤っているものは次のうちどれか。

重要度 ★★★

1 押込通風は、燃焼用空気をファンを用いて大気圧より高い圧力の炉内に押し込むものである。

2 押込通風は、空気流と燃料噴霧流が有効に混合するため、燃焼効率が高まる。

3 誘引通風は、燃焼ガスを煙道又は煙突入口に設けたファンによって吸い出すもので、燃焼ガスの外部への漏れ出しがほとんどない。

4 平衡通風は、押込ファンと誘引ファンを併用したもので、炉内圧を大気圧よりわずかに低く調節する。

5 平衡通風は、燃焼ガスの外部への漏れ出しがないが、誘引通風より大きな動力を必要とする。

（令和2年度／後期／問30）

問 054　ポイント 押込通風は、外部から炉内へ漏れ込む空気がないため、ボイラー効率が向上します。　▶テキストP.233

正解 3

1　炉および煙道を通して起こる空気および燃焼ガスの流れを、**通風**といいます。　○

2　煙突によって生じる自然通風力は、煙突内の**ガスの密度**と外気の密度との差に煙突高さを乗じることにより求められます。　○

3　押込通風は、**燃焼室入口**にファンを設け、燃焼用空気を大気圧より高い圧力の炉内に押し込む方式で、**加圧燃焼**になります。そのため、気密が不十分であると、燃焼ガスが外部へ漏れ出します。　×

4　誘引通風は、比較的高温で体積の大きな燃焼ガスを取り扱うので、**大型**のファンを必要とします。　○

5　平衡通風は、通風抵抗の大きなボイラーでも強い通風力が得られ、必要な動力は押込通風より大きく、誘引通風より小さくなります。　○

問 055　ポイント 動力は誘引通風が一番大きく、平衡通風は誘引通風と押込通風の間になります。　▶テキストP.235

正解 5

1　押込通風は、燃焼用空気をファンを用いて大気圧より高い圧力の炉内に押し込むものです。　○

2　押込通風は、空気流と燃料噴霧流が有効に**混合**するため、**燃焼効率**が高まります。　○

3　誘引通風は、燃焼ガスを煙道または煙突入口に設けたファンによって**吸い出す**もので、燃焼ガスの外部への漏れ出しが**ほとんどありません**。　○

4　平衡通風は、燃焼室入口に押込ファンを設けるとともに、煙道終端に誘引ファンを設けて通風を行います。炉内圧は大気圧より**やや低く**調整するため、外部への漏れ出しが**ありません**。　○

5　平衡通風は、炉内圧は大気圧より**やや低く**なるため燃焼ガスの外部への漏れ出しがなく、動力も誘引通風より小さくなります。　×

問 056 ボイラーの通風に関して、**適切でないもの**は次のうちどれか。

重要度
★★★

1 炉及び煙道を通して起こる空気及び燃焼ガスの流れを、通風という。

2 煙突によって生じる自然通風力は、煙突内のガス温度が高いほど強くなる。

3 押込通風は、燃焼用空気をファンを用いて大気圧より高い圧力の炉内に押し込むものである。

4 誘引通風は、燃焼ガス中に、すす、ダスト及び腐食性物質を含むことが多く、かつ、燃焼ガスが高温のためファンの腐食や摩耗が起こりやすい。

5 平衡通風は、押込ファンと誘引ファンを併用したもので、炉内圧を大気圧よりわずかに高く調節する。

（令和3年度／前期／問30）

問 057 ボイラーの通風に関して、**誤っているもの**は次のうちどれか。

重要度
★★

1 誘引通風は、燃焼ガスを煙道又は煙突入口に設けたファンによって吸い出すもので、燃焼ガスの外部への漏れ出しがほとんどない。

2 誘引通風は必要とする動力が平衡通風より小さい。

3 押込通風は、一般に、常温の空気を取り扱い、所要動力が小さいので広く用いられている。

4 押込通風は、空気流と燃料噴霧流が有効に混合するため、燃焼効率が高まる。

5 平衡通風は、押込ファンと誘引ファンを併用したもので、通風抵抗の大きなボイラーでも強い通風力が得られる。

（令和3年度／後期／問30）

問 056 ポイント 炉内圧が大気圧より高くなるのは押込通風のみで、誘引通風
と平衡通風は、大気圧よりやや低くなります。

▶テキストP.235

正解 **5**

1 炉および煙道を通して起こる空気および燃焼ガスの流れを、**通風**といいます。 ○

2 煙突によって生じる**自然通風力**は、煙突内のガス温度が高いほど強くなります。 ○

3 **押込通風**は、燃焼用空気をファンを用いて大気圧より高い圧力の炉内に押し込むものです。 ○

4 **誘引通風**は、燃焼ガス中に、すす、ダストおよび腐食性物質を含むことが多く、かつ、燃焼ガスが高温のためファンの**腐食**や**摩耗**が起こりやすいです。 ○

5 平衡通風は、**押込ファンと誘引ファン**を併用したもので、炉内圧を大気圧よりわずかに**低く**調節します。 ✕

問 057 ポイント 誘引通風は、ファンは大型になり、所要動力が一番大きくなります。また、燃焼ガス温度が高く、腐食や摩耗が起こりやすくなります。

▶テキストP.234

正解 **2**

1 **誘引通風**は、煙道終端または煙突下に設けたファンを用いて燃焼ガスを誘引します。炉内圧は大気圧よりやや低くなるため、燃焼ガスの外部への漏れ出しがありません。 ○

2 **誘引通風**は、必要とする動力が平衡通風より大きくなります。 ✕

3 **押込通風**は、一般に、常温の空気を取り扱い、所要動力が小さいので広く用いられています。 ○

4 **押込通風**は、空気流と燃料噴霧流が有効に混合するため、**燃焼効率**が高まります。 ○

5 **平衡通風**は、**押込ファンと誘引ファン**を併用したもので、通風抵抗の大きなボイラーでも強い通風力が得られます。 ○

問 058

重要度
★★★

□□□

ボイラーの人工通風に用いられるファンについて、誤っているものは次のうちどれか。

1 多翼形ファンは、羽根車の外周近くに、浅く幅長で前向きの羽根を多数設けたものである。

2 多翼形ファンは、小形で軽量であるが効率が低いため、大きな動力を必要とする。

3 後向き形ファンは、羽根車の主板及び側板の間に8〜24枚の後向きの羽根を設けたものである。

4 後向き形ファンは、形状は大きいが効率が低いため、高温・高圧のものに用いられるが、大容量のものには用いられない。

5 ラジアル形ファンは、強度が強く、摩耗や腐食にも強い。

（平成30年度／後期／問30）

問 059

重要度
★★★

□□□

ボイラーの人工通風に用いられるファンについて、誤っているものは次のうちどれか。

1 多翼形ファンは、羽根車の外周近くに、短く幅長で前向きの羽根を多数設けたものである。

2 多翼形ファンは、小形・軽量で、かつ、効率が高い。

3 後向き形ファンは、高温・高圧及び大容量のボイラーに適する。

4 ラジアル形ファンは、中央の回転軸から放射状に6〜12枚の羽根を設けたものである。

5 ラジアル形ファンは、形状が簡単で羽根の取替えが容易である。

（令和2年度／前期／問29）

222

問 058 ▶**ポイント** 人工通風におけるファンには、多翼形、ターボ形（後向き形）、プレート形（ラジアル形）があります。

正解 **4**

▶テキストP.236

1 **多翼形ファン**は、羽根車の外周近くに、浅く幅長で前向きの羽根を**多数**設けたものです。 ○

2 **多翼形ファン**は、小型で効率が低く、**大きな動力を要し**、高温、高圧、高速には**適しません**。 ○

3 **後向き形ファン**は、羽根車の主板および側板の間に8〜24枚の**後向きの羽根**を設けたものです。 ○

4 **後向き形ファン**は、形状は大きく効率は**良好**で、**高温・高圧・大容量の**ものに適します。 ✕

5 **プレート形（ラジアル形）**は、強度があり**摩耗や腐食に強い**が、**大型で重量も大きく設備費が高く**なります。 ○

問 059 ▶**ポイント** 3種類のファンの特徴は、多翼形は小型、軽量、安価であり、後向き形は高温・高圧・大容量で、ラジアル形は強度があり、摩耗・腐食に強いです。

正解 **2**

▶テキストP.236

1 **多翼形ファン**は、羽根車の外周近くに、短く幅長で前向きの羽根を**多数**設けたものです。 ○

2 **多翼形**は、小型軽量で効率が**低く**、**大きな動力を要し**、高温、高圧、高速には**適しません**。 ✕

3 **後向き形ファン**は、高温・高圧および**大容量**のボイラーに適します。 ○

4 **ラジアル形ファン**は、中央の回転軸から放射状に6〜12枚の**羽根**を設けたものです。 ○

5 **ラジアル形ファン**は、形状が簡単で羽根の取替えが**容易**です。 ○

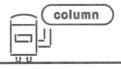

ボイラー免許申請

ボイラー技士免許に必要な書類は次のとおりです。

・免許試験合格通知書

・免許申請書

・収入印紙

・免許証用返信用封筒

・返信用切手

・写真

・実技講習修了証（2級のみ）

・実務経験従事証明書（1級のみ）

　免許試験合格通知書は、試験に合格するとはがきで送付されてきます。免許申請書や返信用封筒、種類の記載方法などは、免許会場で入手できますので、忘れずに持ち帰りましょう。

　2級ボイラー技士では、実務経験がない人に免許を交付する条件として、20時間の実技講習を修了し、修了証を添付する必要があります。また、2級の試験に合格してから免許申請するまでの間に、小型ボイラーを取り扱った経験が4か月以上あれば実務経験として認められます。

“重要過去問”

第4章

関係法令

第4章では、ボイラーの設置から運営・管理するにあたっての関係法令問題が出題されます。覚える項目も他の章より少なく、複雑な問題はありませんので、満点を目指せます。

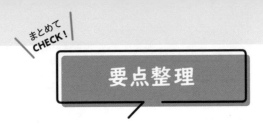

要点整理

ボイラーの定義

▶本文P.234〜237　▶テキストP.248〜249

・最高使用圧力とは、構造上使用可能な最高のゲージ圧力をいいます。

・伝熱面積とは、燃焼ガスに触れる本体の面で、その裏側が水または熱媒に触れるものの面積をいいます。

・耐火れんがによって覆われた水管の伝熱面積は、管の外周の壁面に対する投影面積で算出します。

・ひれ付き水管のひれの部分の伝熱面積は、その面積に一定の数値を乗じたものを算出します。

・貫流ボイラーの伝熱面積は、燃焼室入口から過熱器入口までの水管のうち、燃焼ガスなどに触れる面の面積をいいます。気水分離器、過熱器、エコノマイザは、伝熱面積に算入しません。

・貫流ボイラーは、伝熱面積に 1/10 を乗じて他の蒸気ボイラー同様に計算できます。

・電気ボイラーの伝熱面積は、電力設備容量20kW を 1 m² とみなし、その最大電力設備容量を換算した面積をいいます。

・廃熱ボイラーは、その伝熱面積に 1 / 2 を乗じて得た値を当該廃熱ボイラーの伝熱面積にします。

諸届と検査

▶本文P.238〜249　▶テキストP.250〜253

・設置届は、設置工事開始の30日前までに、ボイラー明細書および必要な書類を添えて提出します。

p.239 Point「パッケージ式ボイラーに関する諸届と検査」も参照してください。

・事業者は、ボイラーの設置工事が完成したときに、ボイラー室、ボイラー本体およびその配管の配置状況、据付基礎ならびに燃焼室および煙道の構造についての落成検査を、受けなければなりません。

・ボイラー検査証を滅失または損傷したときは、ボイラー検査証再交付申請書を所轄労働基準監督署長に提出し、再交付を受けなければなりません。

・ボイラー検査証の有効期間は原則1年間です。ただし、状態が良好な場合は、最長2

年まで延長できます。検査証の更新は性能検査によって行われます。

- 休止報告を提出して休止したボイラーを再び使用する者は、当該ボイラーの使用開始前に、所轄労働基準監督署長の行う使用再開検査を受けなければなりません。

- ボイラー主要部分の修理や取替えを行うときは、変更届と変更検査が必要になります。変更届は、変更工事開始の30日前までに所轄労働基準監督署長に提出しなければなりません。

- 変更届を出さなくてよいものに煙管、水管、安全弁、給水装置、水処理装置、空気予熱器があります。

- 設置されたボイラーの事業者に変更があったときは、10日以内に所轄労働基準監督署長に対して、ボイラー検査証の書換えを受けなければいけません。

- 移動式ボイラーを設置しようとする者は、あらかじめボイラー設置報告書にボイラー明細書およびボイラー検査証を添えて、所轄労働基準監督署長に提出しなければなりません。

- 移動式ボイラーの検査証は、所轄都道府県労働局長または登録製造時等検査機関により交付されます。設置式のボイラーと違うので注意しましょう。

ボイラー室の基準

▶本文P.250〜255　▶テキストP.256〜257

- 事業者は、ボイラー（屋外式ボイラーおよび移動式ボイラーを除く）を専用の建物、または建物の中の障壁で区画された場所（ボイラー室）に設置しなければなりません。ただし、伝熱面積が3m²以下のボイラーではこの限りではありません。

- 原則、ボイラー室に2か所以上の出入口を設けなければいけません。

- 原則、ボイラー最上部から天井、配管、その他の構造物までの距離を1.2m以上としなければなりません。

- 原則、ボイラーの外壁から、壁、配管その他の構造物までの距離は、0.45m以上としなければなりません。

- 液体燃料と気体燃料はボイラーの外側から2m以上、固体燃料は1.2m以上離して設置しなければなりません。

- ボイラー等（ボイラーやボイラーに附設された金属製煙突、または煙道）から0.15m以内にある可燃性のものは、金属以外の不燃性の材料で被覆しなければなりません。ただし、ボイラーなどが厚さ100mm以上の金属以外の不燃性の材料で被覆されている場合はこの限りではありません。

ボイラー取扱作業主任者の選任

▶本文P.256〜263 　▶テキストP.258〜259

・「2級ボイラー技士」の取扱作業主任者が取り扱える伝熱面積は25m²未満です。ただし、小規模ボイラーは「ボイラー取扱技能講習修了証」を所持していれば扱えるため、2級ボイラー技士の資格は必要ありません。

・次の小規模ボイラーは、「2級ボイラー技士」が必要な資格の算定には該当しません。
　①胴の内径が750mm以下で、胴の長さが1,300mm以下の蒸気ボイラー
　②伝熱面積が3m²以下の蒸気ボイラー
　③伝熱面積が14m²以下の温水ボイラー
　④伝熱面積が30m²以下の貫流ボイラー

ボイラー取扱作業主任者の職務

▶本文P.256〜263 　▶テキストP.259

①圧力、水位および燃焼状態を監視しなければなりません。

②安全弁の機能の保持に努めなければなりません。

③1日1回以上、水面測定装置の機能を点検しなければなりません。

④給水装置の機能の保持に努めなければなりません。

⑤適宜、吹出しを行い、ボイラー水の濃縮を防がなければなりません。

⑥急激な負荷変動を避けなければなりません。

⑦最高使用圧力を超えて圧力を上昇させてはいけません。

⑧異常を認めたときは、直ちに必要な措置を講じなければなりません。

⑨排出されるばい煙の測定濃度、およびボイラー取扱中における異常の有無を記録しなければなりません。

⑩低水位燃料遮断装置、火炎検出器その他の自動制御装置の点検、調整を行わなければなりません。

ボイラーの附属品の管理

▶本文P.264〜275　▶テキストP.262

①安全弁が1個の場合は、最高使用圧力以下で作動するように調整しなければなりません。

②安全弁が2個以上ある場合は、1個を最高使用圧力以下で作動するように調整すれば、他の安全弁は最高使用圧力の3％増以下で作動するように調整することができます。

③安全弁は、過熱器 ⇒ 本体 ⇒ エコノマイザ の順に作動するよう調整しなければなりません。

④逃がし管および返り管は、凍結しないように保温その他の措置を講じなければなりません。

⑤燃焼ガスに触れる給水管、吹出し管および水面測定装置の連絡管は、耐熱材料で防護しなければなりません。

⑥圧力計または水高計は、内部が凍結、または80℃以上の温度にならない措置を講じなければなりません。

⑦圧力計または水高計の目盛には、最高使用圧力を示す位置に見やすい表示をしなければなりません。

⑧蒸気ボイラーの常用水位は、ガラス水面計またはこれに接近した位置に、現在水位と比較できるよう表示しなければなりません。

⑨過熱器にはドレン抜きを備えなければなりません。

ボイラー室の管理

▶本文P.264〜275　▶テキストP.262〜263

①ボイラー室その他の設置場所には、「関係者以外立入禁止」を掲示しなければなりません。

②ボイラー室には、必要がある場合以外は「引火物持込禁止」としなければなりません。

③ボイラー室には、「ボイラー検査証」「取扱作業主任者の資格および氏名」を見やすい箇所に掲示しなければなりません。

④移動式ボイラーでは、「ボイラー検査証」または「写し」を取扱作業主任者に所持させなければなりません。

⑤燃焼室や煙道などのれんがに割れが生じたとき、またはボイラーとれんが積みとの間にすき間が生じたときは、速やかに補修しなければなりません。

ボイラーの安全に関する管理

・ボイラーの点火を行うときは、ダンパの調子を点検し、燃焼室および煙道の内部を十分に換気した後でなければなりません。
・間欠吹出しは、1人で同時に2基以上のボイラーの吹出しを行ってはいけません。また、吹出しを行う間は、他の作業をしてはいけません。
・事業者は、1か月以内ごとに1回、定期的に自主検査を行わなければいけません。また、定期自主検査を行ったときは、その結果を記録し3年間保存しなければなりません。

● 定期自主検査の項目と点検事項

項目		点検事項
ボイラー本体		損傷の有無
燃焼装置	バーナ、バーナタイル、炉壁	汚れ、損傷の有無
	ストレーナ	詰まり、損傷の有無
	煙道	漏れその他の損傷の有無、通風圧の異常の有無
自動制御装置	水位調節装置その他	機能の異常の有無
	電気配線	端子の異常の有無
附属装置および附属品	給水装置	損傷の有無、作動の状態
	空気予熱器	損傷の有無
	水処理装置	機能の異常の有無

（一部抜粋）

安全弁の構造規格

▶本文P.276～283　▶テキストP.266

・蒸気ボイラーには、安全弁を2個以上備えなければなりません。ただし、伝熱面積が50m²以下の蒸気ボイラーでは、安全弁を1個とすることができます。
・安全弁の性能は、蒸気ボイラー内部の圧力を最高使用圧力以下に保持することができるものとしなければなりません。
・安全弁は、ボイラー本体の容易に検査できる位置に直接取り付け、かつ、弁軸を鉛直にしなければなりません。

温水ボイラーの安全装置の構造規格

▶本文P.276〜283 ▶テキストP.266

・水温が120℃以下の温水ボイラーは、圧力が最高使用圧力に達すると直ちに作用し、内部の圧力を最高使用圧力以下に保持できる逃がし弁を備えなければなりません。
・容易に検査ができる位置に、内部の圧力を最高使用圧力以下に保持できる逃がし管を備えた場合は、逃がし弁は不要です。
・水温が120℃を超える鋼製温水ボイラーには、安全弁を備えなければなりません。

圧力計の構造規格

▶本文P.276〜283 ▶テキストP.142〜143、P.266〜267

・圧力計は、使用中その機能を害するような振動を受けないようにし、かつ、その内部が80℃以上の温度にならない措置を講じなければなりません。
・圧力計のコックまたは弁は、開閉状況を容易に知ることができるようにします。
・目盛盤の直径は目盛を確実に確認できるもの（およそ100mm以上）とし、目盛盤の最大指度は、最高使用圧力の1.5倍以上3倍以下でなければなりません。
・圧力計の最高使用圧力の目盛には適切な表示をしなければなりません。

水高計の構造規格

▶本文P.276〜283 ▶テキストP.267

・温水ボイラーには、ボイラー本体または温水の出口付近に水高計（圧力計）を設けなければなりません。
・水高計付近には、温度計を取り付けなければなりません。

水面測定装置の構造規格

▶本文P.276〜283　▶テキストP.267

・蒸気ボイラー（貫流ボイラーを除く）には、ボイラー本体または水柱管にガラス水面計を2個以上、取り付けなければなりません。
・ガラス水面計の最下部は、安全低水面（最低水位）の位置になるように取り付けなければなりません。
・水側連絡管は、管の途中に中高または中低のない構造とし、かつ、水柱管またはボイラーに取り付ける口は、水面計で見ることができる最低水位より上であってはなりません。

爆発戸の構造規格

▶本文P.276〜283　▶テキストP.267

・ボイラーに設けられた爆発戸の位置が、ボイラー技士の作業場所から2m以内にあるときは、ガス爆発を安全な方向へ分散させる装置を設けなければなりません。
・微粉炭バーナ燃焼装置には爆発戸を設けなければなりません。

給水装置の構造規格

▶本文P.284〜289　▶テキストP.268

・蒸気ボイラーには、最大蒸発量以上を給水することができる給水装置を1個備え付けます。
・特例で給水装置を2個（第1給水装置、第2給水装置）備える場合、第1給水装置が2個以上の給水ポンプを結合したものであれば、第2給水装置の能力は、次の2つの条件のうち大きい方になります。
条件1：蒸気ボイラーの最大蒸発量の25％以上の給水能力
条件2：第1給水装置のうちの最大である給水ポンプの給水能力

鋳鉄製ボイラーの構造規格

▶本文P.276〜283　▶テキストP.48、P.82、P.269

・圧力0.1MPaを超えて使用する蒸気ボイラーは、鋳鉄製にはできません。

- 圧力 0.5MPa を超えて使用する温水ボイラーは、鋳鉄製にはできません。
- 温水温度 120℃を超えて使用する温水ボイラーは、鋳鉄製にはできません。
- 温水ボイラーには、逃がし弁または逃がし管を備えなければなりません。膨張タンクには、最高使用圧力で水を逃がすあふれ管を備えます。

自動制御装置の構造規格

▶本文P.284～289　▶テキストP.49、P.269～270

- 温水ボイラーで圧力 0.3MPa を超えるものは、温水温度が 120℃を超えないよう温水温度自動制御装置を設けなければなりません。
- 自動給水調整装置を有する蒸気ボイラー（貫流ボイラーを除く）には、水位が安全低水面以下になったときに、自動的に燃料の供給を遮断する低水位燃料遮断装置をボイラーごとに設けなければなりません。
- 自動給水調整装置は、蒸気ボイラーごとに独立して設ける必要があります。
- 鋳鉄製ボイラー（小型ボイラーを除く）で、給水が水道など圧力を有する水源から供給される場合、給水管を返り管に取り付ける必要があります。

貫流ボイラーの構造規格

▶本文P.284～289　▶テキストP.270～271

- 貫流ボイラーには、当該ボイラーの最大蒸発量以上の吹出し量の安全弁を、過熱器の出口付近に取り付けることができます。
- 給水装置の給水管には、蒸気ボイラーに近接した位置に、給水弁および逆止め弁を取り付けなければなりません。ただし、貫流ボイラーおよび最高使用圧力 0.1MPa 未満の蒸気ボイラーにおいては、給水弁のみとすることができます。
- 当該ボイラーごとに、起動時にボイラー水が不足している場合および運転時にボイラー水が不足した場合に、自動的に燃料の供給を遮断する装置、またはこれに代わる安全装置を設けなければなりません。
- 貫流ボイラーにおいては、水面測定装置の取り付けに関して、特に規定はありません。
- 貫流ボイラーにおいては、吹出し装置の取り付けに関して、特に規定はありません。

01 ボイラーなどの定義

問001 ボイラーの伝熱面積の算定方法として、法令上、誤っているものは次のうちどれか。

重要度 ★★★

1 水管ボイラーの耐火れんがでおおわれた水管の面積は、伝熱面積に算入しない。

2 水管ボイラーのドラムの面積は、伝熱面積に算入しない。

3 煙管ボイラーの煙管の伝熱面積は、煙管の内径側で算定する。

4 貫流ボイラーの過熱管の面積は、伝熱面積に算入しない。

5 電気ボイラーの伝熱面積は、電力設備容量20kWを1m²とみなして、その最大電力設備容量を換算した面積で算定する。

（平成30年度／後期／問33）

問002 ボイラーの伝熱面積の算定方法として、法令上、誤っているものは次のうちどれか。

重要度 ★★★

1 水管ボイラーの水管（ひれ、スタッド等がなく、耐火れんが等でおおわれた部分がないものに限る。）の伝熱面積は、水管の外径側で算定する。

2 貫流ボイラーの伝熱面積は、燃焼室入口から過熱器入口までの水管の燃焼ガス等に触れる面の面積で算定する。

3 立てボイラー（横管式）の横管の伝熱面積は、横管の外径側で算定する。

4 炉筒煙管ボイラーの煙管の伝熱面積は、煙管の外径側で算定する。

5 電気ボイラーの伝熱面積は、電力設備容量20kWを1m²とみなして、その最大電力設備容量を換算した面積で算定する。

（令和2年度／後期／問34）

問001 ▷**ポイント** 伝熱面積とは、燃焼ガスに触れる本体の面で、その裏側が水または触媒に触れる面の面積をいいます。 ▶テキストP.248

正解 **1**

1 水管ボイラーの耐火れんがでおおわれた水管の面積は、水管の外周の壁面に対する投影面積を伝熱面積に算入します。 ✕

2 水管ボイラーの**ドラム**の面積は、伝熱面積に**算入しません**。 ◯

3 煙管ボイラーの煙管の伝熱面積は、煙管の**内径側**で算定します。 ◯

4 貫流ボイラーの過熱管の面積は、伝熱面積に**算入しません**。 ◯

5 電気ボイラーの伝熱面積は、電力設備容量20kWを1m²とみなして、その最大電力設備容量を換算した面積で**算定します**。 ◯

問002 ▷**ポイント** 伝熱面積は、伝熱管の内径側と外径側により面積が異なるため、問われます。 ▶テキストP.248

正解 **4**

1 水管ボイラーの水管（ひれ、スタッド等がなく、耐火れんが等でおおわれた部分がないものに限る。）の伝熱面積は、水管の**外径側**で算定します。 ◯

2 **貫流ボイラー**の伝熱面積は、**燃焼室入口**から**過熱器入口**までの水管の燃焼ガス等に触れる面の面積で算定します。 ◯

3 立てボイラー（横管式）の横管の伝熱面積は、横管の**外径側**で算定します。 ◯

4 炉筒煙管ボイラーの煙管では、燃焼ガスが煙管の内径側を通るため、伝熱面積は**内径側**になります。 ✕

5 電気ボイラーの伝熱面積は、電力設備容量20kWを1m²とみなして、その最大電力設備容量を換算した面積で算定します。 ◯

💡**Point**

伝熱面積

伝熱面積は必須問題です。燃焼ガス側が算入対象になります。

ボイラーの伝熱面積の算定方法に関するAからDまでの記述で、法令上、正しいもののみを全て挙げた組合せは、次のうちどれか。

重要度
★★★

A 水管ボイラーの耐火れんがでおおわれた水管の面積は、伝熱面積に算入しない。
B 貫流ボイラーの過熱管は、伝熱面積に算入しない。
C 立てボイラー（横管式）の横管の伝熱面積は、横管の外径側で算定する。
D 炉筒煙管ボイラーの煙管の伝熱面積は、煙管の内径側で算定する。

1 A，B
2 A，B，C
3 A，D
4 B，C，D
5 C，D

（令和3年度／後期／問34）

問 004 法令上、ボイラーの伝熱面積に算入しない部分は、次のうちどれか。

重要度
★★★

1 管寄せ
2 煙管
3 水管
4 蒸気ドラム
5 炉筒

（令和4年度／前期／問34）

問003 **ポイント** 耐火れんがでおおわれた水管でも、その一部を算入するので注意しましょう。 ▶テキストP.248

正解 **4**

A 水管ボイラーの耐火れんがでおおわれた水管の面積は、水管の外周の壁面に対する**投影面積**を伝熱面積に算入します。 ×

B 貫流ボイラーの過熱管は、伝熱面積に算入しません。 ○

C 立てボイラー（横管式）の横管の伝熱面積は、横管の**外径側**で算定します。 ○

D 炉筒煙管ボイラーの煙管の伝熱面積は、煙管の**内径側**で算定します。 ○

問004 **ポイント** 水管ボイラーのドラム（気水、水）や附属設備（過熱器、エコノマイザ、空気余熱器）などは算入しないので注意しましょう。 ▶テキストP.248

正解 **4**

1 管寄せは、ボイラーの伝熱面積に算入します。 ×

2 煙管は、ボイラーの伝熱面積に算入します。 ×

3 水管は、ボイラーの伝熱面積に算入します。 ×

4 **伝熱面積**とは、水管や煙管などの燃焼ガスに触れる側の面積をいいます。蒸気ドラムは、燃焼ガスに触れないため伝熱面積には算入しません。 ○

5 炉筒は、ボイラーの伝熱面積に算入します。 ×

💡**Point**

伝熱面積の算入対象

算入対象：煙管、水管、炉筒、管寄せ、横管（立てボイラー）、耐火れんがでおおわれた水管（投影面積）

算入対象外：ドラム（気水、水）、気水分離器、過熱器、エコノマイザ、空気予熱器

問005 ★★★ 使用を廃止したボイラー（移動式ボイラー及び小型ボイラーを除く。）を再び設置する場合の手続きの順序として、法令上、正しいものは次のうちどれか。ただし、計画届の免除認定を受けていない場合とする。

1 使用検査→構造検査→設置届
2 使用検査→設置届　→落成検査
3 設置届　→落成検査→使用検査
4 溶接検査→使用検査→落成検査
5 溶接検査→落成検査→設置届

（令和 2 年度／前期／問37）

問006 ★★★ 次の文中の ｜　　　　｜ 内に入れるA及びBの語句の組合せとして、法令上、正しいものは 1 ～ 5 のうちどれか。

「溶接によるボイラー（小型ボイラーを除く。）については、｜　A　｜検査に合格した後でなければ、｜　B　｜検査を受けることができない。」

	A	B
1	溶接	使用
2	溶接	構造
3	使用	構造
4	使用	溶接
5	構造	溶接

（令和 3 年度／前期／問31）

問 005 ▶**ポイント** 使用を廃止した（中古）ボイラーや輸入ボイラーは、設置する前にまず使用検査を行います。

▶テキストP.250

　使用を廃止したボイラーの手続きの順番は、**使用検査⇒設置届⇒落成検査**になります。

問 006 ▶**ポイント** 新設のパッケージ式ボイラーに関する手続きの順番は、製造許可⇒溶接検査⇒構造検査⇒設置届⇒落成検査⇒検査証交付になります。

▶テキストP.250

　「溶接によるボイラー（小型ボイラーを除く。）については、**溶接検査に合格した後でなければ、構造検査**を受けることができない。」

🔍 **Point**

パッケージ式ボイラーに関する諸届と検査

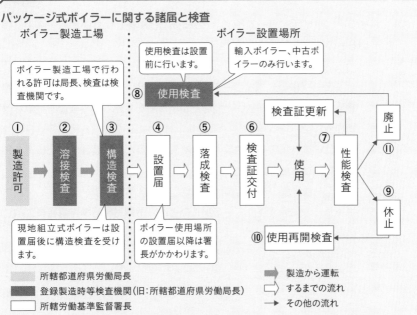

ボイラー（小型ボイラーを除く。）に関する次の文中の ［　　　　］内に入れるA及びBの語句の組合せとして、法令上、正しいものは1～5のうちどれか。

重要度
★★★

「所轄労働基準監督署長は、［　A　］に合格したボイラー又は当該検査の必要がないと認めたボイラーについて、ボイラー検査証を交付する。

ボイラー検査証の有効期間の更新を受けようとする者は、［　B　］を受けなければならない。」

	A	B
1	落成検査	使用検査
2	落成検査	性能検査
3	構造検査	使用検査
4	構造検査	性能検査
5	使用検査	性能検査

（令和2年度／前期／問33）

ボイラー（小型ボイラーを除く。）の検査及び検査証について、法令上、誤っているものは次のうちどれか。

重要度
★★★

1 ボイラー（移動式ボイラーを除く。）を設置した者は、所轄労働基準監督署長が検査の必要がないと認めたボイラーを除き、落成検査を受けなければならない。

2 ボイラー検査証の有効期間の更新を受けようとする者は、性能検査を受けなければならない。

3 ボイラー検査証の有効期間は、原則として2年である。

4 ボイラーの燃焼装置に変更を加えた者は、所轄労働基準監督署長が検査の必要がないと認めたボイラーを除き、変更検査を受けなければならない。

5 使用を廃止したボイラーを再び設置しようとする者は、使用検査を受けなければならない。

（令和3年度／前期／問33）

問 007 ▶**ポイント** 新設のパッケージ式ボイラーに関する手続きの順番は、製造許可⇒溶接検査⇒構造検査⇒設置届⇒落成検査⇒検査証交付になります。　　　　　　　　　　　　　　　　　▶テキストP.250

「所轄労働基準監督署長は、**落成検査**に合格したボイラー又は当該検査の必要がないと認めたボイラーについて、ボイラー検査証を交付する。
ボイラー検査証の有効期間の更新を受けようとする者は、**性能検査**を受けなければならない。」

問 008 ▶**ポイント** 検査証の更新は、性能検査によって行われます。
　　　　　　　　　　　　　　　　　　　　　　　　　　　　▶テキストP.251

1　ボイラー（移動式ボイラーを除く。）を設置した者は、所轄労働基準監督署長が検査の必要がないと認めたボイラーを除き、**落成検査**を受けなければいけません。　　　　　　　　　　　　　　　　　　　　　　　　　　○

2　ボイラー検査証の有効期間の**更新**を受けようとする者は、**性能検査**を受けなければいけません。　　　　　　　　　　　　　　　　　　　　　　　○

3　ボイラー検査証の有効期間は原則１年間です。ただし、状態が良好の場合は、最長２年まで延長できます。　　　　　　　　　　　　　　　　　×

4　ボイラーの**燃焼装置**に変更を加えた者は、所轄労働基準監督署長が検査の必要がないと認めたボイラーを除き、**変更検査**を受けなければいけません。　　　　　　　　　　　　　　　　　　　　　　　　　　　　　　○

5　使用を**廃止**したボイラーを再び設置しようとする者は、**使用検査**を受けなければいけません。　　　　　　　　　　　　　　　　　　　　　　○

重要度
★★★

ボイラー（移動式ボイラー及び小型ボイラーを除く。）に関する次の文中
の [____] 内に入れるAからCまでの語句の組合せとして、法令に定められ
ているものは1～5のうちどれか。

「ボイラーを設置した者は、所轄労働基準監督署長が検査の必要がないと認め
たものを除き、①ボイラー、②ボイラー室、③ボイラー及びその [A] の
配置状況、④ボイラーの [B] 並びに燃焼室及び煙道の構造につい
て、[C] 検査を受けなければならない。」

	A	B	C
1	自動制御装置	通風装置	落成
2	自動制御装置	据付基礎	使用
3	配管	据付基礎	落成
4	配管	附属設備	落成
5	配管	据付基礎	使用

（令和3年度／後期／問31）

問010

重要度
★★★

次の文中の [____] 内に入れるAの数値及びBの語句の組合せとして、法令
上、正しいものは1～5のうちどれか。

「設置されたボイラー（小型ボイラーを除く。）に関し、事業者に変更があった
ときは、変更後の事業者は、その変更後 [A] 日以内に、ボイラー検査証
書替申請書に [B] を添えて、所轄労働基準監督署長に提出し、その書替
えを受けなければならない。」

	A	B
1	10	ボイラー検査証
2	10	ボイラー明細書
3	14	ボイラー検査証
4	30	ボイラー検査証
5	30	ボイラー明細書

（平成30年度／後期／問40）

問 009 ポイント 移動式ボイラーおよび小型ボイラーを除いて、ボイラーを設置した後、検査証の交付を受ける前に落成検査を受けなければなりません。　　　　　　　　　　　　　　▶テキストP.250

正解 3

　「ボイラーを設置した者は、所轄労働基準監督署長が検査の必要がないと認めたものを除き、①ボイラー、②ボイラー室、③ボイラー及びその配管の配置状況、④ボイラーの**据付基礎**並びに燃焼室及び煙道の構造について、落成検査を受けなければならない。」

問 010 ポイント 事業者の変更がある場合は、ボイラー検査証の書替えを行わなければなりません。　　　　　　　　　　　　　　　　　▶テキストP.253

正解 1

　「設置されたボイラー（小型ボイラーを除く。）に関し、事業者に変更があったときは、変更後の事業者は、その変更後10日以内に、ボイラー検査証書替申請書に**ボイラー検査証**を添えて、所轄労働基準監督署長に提出し、その書替えを受けなければならない。」

💡 **Point**

ボイラー検査証が交付されて使用を開始するまでの流れ
ボイラー検査証が交付されて使用を開始するまでの流れを、新設の場合、中古・輸入の場合、休止していたものを再開する場合とそれぞれ理解しておきましょう。また、それぞれの対応部署も押さえておきましょう。

重要度
★★★

□□□

次の文中の 　　　　　 内に入れるAからCまでの語句及び数値の組合せとして、法令上、正しいものは1〜5のうちどれか。

「設置されたボイラー（小型ボイラーを除く。）に関し、事業者に変更があったときは、変更後の事業者は、その変更後　 A 　日以内に、ボイラー検査証　 B 　申請書にボイラー検査証を添えて、所轄労働基準監督署長に提出し、その　 C 　を受けなければならない。」

	A	B	C
1	10	再交付	再交付
2	10	書替	書替え
3	14	書替	書替え
4	30	書替	再交付
5	30	再交付	再交付

（令和4年度／前期／問37）

問012

重要度
★★★

□□□

ボイラー（小型ボイラーを除く。）の次の部分又は設備を変更しようとするとき、法令上、ボイラー変更届を所轄労働基準監督署長に提出する必要のないものはどれか。
ただし、計画届の免除認定を受けていない場合とする。

1 ステー
2 燃焼装置
3 据付基礎
4 鏡板
5 水処理装置

（令和元年度／前期／問38）

問011 ▶**ポイント** 設置届、変更届は30日前までに届出を、事業者の変更は変更後10日以内に書替申請を行わなければなりません。間違えないようにしましょう。 ▶テキストP.253

正解 2

「設置されたボイラー（小型ボイラーを除く。）に関し、事業者に変更があったときは、変更後の事業者は、その変更後10日以内に、ボイラー検査証書替申請書にボイラー検査証を添えて、所轄労働基準監督署長に提出し、その書替えを受けなければならない。」

問012 ▶**ポイント** ボイラー主要部分の修理や取り換えを行うときは、変更届と変更後に変更検査が必要になります。 ▶テキストP.252

正解 5

1　ステーは、変更届の提出が**必要です**。 ×

2　燃焼装置は、変更届の提出が**必要です**。 ×

3　据付基礎は、変更届の提出が**必要です**。 ×

4　鏡板は、変更届の提出が**必要です**。 ×

5　水処理装置は、変更届の提出が**必要ありません**。 ○

問 013　ボイラー（小型ボイラーを除く。）の次の部分又は設備を変更しようとするとき、法令上、ボイラー変更届を所轄労働基準監督署長に提出する必要のないものはどれか。

ただし、計画届の免除認定を受けていない場合とする。

1　空気予熱器
2　過熱器
3　節炭器
4　管板
5　管寄せ

（令和 2 年度／後期／問37）

 問 014　法令上、ボイラー（小型ボイラーを除く。）の変更検査を受けなければならない場合は、次のうちどれか。

ただし、所轄労働基準監督署長が当該検査の必要がないと認めたボイラーではないものとする。

1　ボイラーの給水装置に変更を加えたとき。
2　ボイラーの安全弁に変更を加えたとき。
3　ボイラーの燃焼装置に変更を加えたとき。
4　使用を廃止したボイラーを再び設置しようとするとき。
5　構造検査を受けた後、1 年以上設置されなかったボイラーを設置しようとするとき。

（令和 2 年度／前期／問34）

解説

問013 ポイント 変更届を出さなくて良いものに、煙管、水管、安全弁、給水装置（給水ポンプ）、水処理装置、空気予熱器があります。
正解 1

▶テキストP.252

1 空気予熱器は、変更届を提出する**必要がありません**。 ○
2 過熱器は、変更届を提出する**必要があります**。 ×
3 節炭器は、変更届を提出する**必要があります**。 ×
4 管板は、変更届を提出する**必要があります**。 ×
5 管寄せは、変更届を提出する**必要があります**。 ×

問014 ポイント 変更届を提出し、変更工事終了後、変更検査を受けなければなりません。
正解 3

▶テキストP.252

1 ボイラーの給水装置に変更を加えたときは、変更検査を受ける**必要がありません**。 ×
2 ボイラーの安全弁に変更を加えたときは、変更検査を受ける**必要がありません**。 ×
3 ボイラーの燃焼装置に変更を加えたときは、変更検査を受けなければいけません。 ○
4 使用を廃止したボイラーを再び設置しようとするときは、**使用検査を受けなければいけません**。 ×
5 構造検査を受けた後、1年以上設置されなかったボイラーを設置しようとするときは、**使用検査を受けなければいけません**。 ×

Point

変更届および変更工事終了後に行う変更検査
変更届および変更工事終了後に行う変更検査は必須問題です。基本的には変更する場合は届を出しますが、届を出さなくてよいものがありますので必ず押さえておきましょう。変更届を出さなくてよいものは、煙管、水管、安全弁、給水装置、水処理装置、空気予熱器です。

重要度
★★★

ボイラー（小型ボイラーを除く。）の検査及び検査証について、法令上、誤っているものは次のうちどれか。

1 ボイラー（移動式ボイラーを除く。）を設置した者は、所轄労働基準監督署長が検査の必要がないと認めたボイラーを除き、落成検査を受けなければならない。

2 ボイラー検査証の有効期間の更新を受けようとする者は、性能検査を受けなければならない。

3 ボイラーを輸入した者は、原則として使用検査を受けなければならない。

4 ボイラーの給水装置に変更を加えた者は、変更検査を受けなければならない。

5 使用を廃止したボイラーを再び設置しようとする者は、使用検査を受けなければならない。

（令和4年度／前期／問39）

重要度
★★★

法令上、ボイラー（移動式ボイラー及び小型ボイラーを除く。）を設置している者が、ボイラー検査証の再交付を所轄労働基準監督署長から受けなければならない場合は、次のうちどれか。

1 ボイラーを移設して設置場所を変更したとき。

2 ボイラー取扱作業主任者を変更したとき。

3 ボイラーの伝熱面積を変更したとき。

4 ボイラー検査証を損傷したとき。

5 ボイラーの最高使用圧力を変更したとき。

（平成30年度／後期／問34）

問 015　**ポイント**　変更届、変更検査は必須問題です。届、検査を受けなくてよいもの6種類はしっかりと押さえておきましょう。

正 解
4

▶テキストP.252

1　ボイラー（移動式ボイラーを除く。）を設置した者は、所轄労働基準監督署長が検査の必要がないと認めたボイラーを除き、**落成検査**を受けなければいけません。　○

2　ボイラー検査証の有効期間の**更新**を受けようとする者は、**性能検査**を受けなければいけません。　○

3　ボイラーを**輸入**した者は、原則として**使用検査**を受けなければいけません。　○

4　ボイラーの給水装置に変更を加えた者は、変更検査を受ける**必要はありません**。　×

5　使用を**廃止**したボイラーを再び設置しようとする者は、**使用検査**を受けなければいけません。　○

問 016　**ポイント**　事業者の変更は検査証の書替、滅失または損傷したときは検査証の再交付になります。間違えないようにしましょう。

正 解
4

▶テキストP.251

1　ボイラーを移設して設置場所を変更したときは、ボイラー検査証の再交付を受ける**必要はありません**。　×

2　ボイラー取扱作業主任者を変更したときは、ボイラー検査証の再交付を受ける**必要はありません**。　×

3　ボイラーの伝熱面積を変更したときは、ボイラー検査証の再交付を受ける**必要はありません**。　×

4　ボイラー検査証を**滅失**または**損傷**したときは、ボイラー検査証再交付申請書を**所轄労働基準監督署長**に提出し、**再交付**を受けなければなりません。　○

5　ボイラーの最高使用圧力を変更したときは、ボイラー検査証の再交付を受ける**必要はありません**。　×

<table>
<tr><td>問 017</td><td>次の文中の □□□□□ 内に入れるAの数値及びBの語句の組合せとして、法令</td></tr>
</table>

問 017

重要度
★★★
□□□

次の文中の □□□□ 内に入れるAの数値及びBの語句の組合せとして、法令に定められているものは1～5のうちどれか。

「移動式ボイラー、屋外式ボイラー及び小型ボイラーを除き、伝熱面積が □ A □ m²をこえるボイラーについては、□ B □ 又は建物の中の障壁で区画された場所に設置しなければならない。」

	A	B
1	3	専用の建物
2	3	耐火構造物の建物
3	25	密閉された室
4	30	耐火構造物の建物
5	30	密閉された室

（平成30年度／後期／問31）

問 018

重要度
★★★
□□□

ボイラー（移動式ボイラー、屋外式ボイラー及び小型ボイラーを除く。）を設置するボイラー室について、法令に定められていないものは次のうちどれか。

1　伝熱面積が3m²の蒸気ボイラーは、ボイラー室に設置しなければならない。

2　ボイラーの最上部から天井、配管その他のボイラーの上部にある構造物までの距離は、原則として、1.2m以上としなければならない。

3　ボイラー、これに附設された金属製の煙突又は煙道が、厚さ100mm以上の金属以外の不燃性の材料で被覆されている場合を除き、これらの外側から0.15m以内にある可燃性の物は、金属以外の不燃性の材料で被覆しなければならない。

4　ボイラーを取り扱う労働者が緊急の場合に避難するために支障がないボイラー室を除き、ボイラー室には、2以上の出入口を設けなければならない。

5　ボイラー室に固体燃料を貯蔵するときは、原則として、これをボイラーの外側から1.2m以上離しておかなければならない。

（令和元年度／前期／問31）

問017 ポイント 専用の建物または建物の中の障壁で区画された場所とは、ボイラー室を指します。 ▶テキストP.256

正解 **1**

「移動式ボイラー、屋外式ボイラー及び小型ボイラーを除き、伝熱面積が3m²をこえるボイラーについては、**専用の建物又は建物の中の障壁で区画**された場所に設置しなければならない。」

問018 ポイント 事業者は、ボイラーを専用の建物または建物の中の障壁で区画された場所（ボイラー室）に設置しなければなりません。 ▶テキストP.256

正解 **1**

1 伝熱面積が3m²の蒸気ボイラーは、ボイラー室に設置する必要はありません。 ×

2 ボイラーの最上部から天井、配管その他のボイラーの上部にある構造物までの距離は、原則として、1.2m以上としなければいけません。 ○

3 ボイラー、これに附設された**金属製の煙突または煙道**が、厚さ100mm以上の金属以外の不燃性の材料で被覆されている場合を除き、これらの外側から0.15m以内にある可燃性の物は、**金属以外の不燃性の材料で**被覆しなければいけません。 ○

4 ボイラーを取り扱う労働者が緊急の場合に避難するために支障がないボイラー室を除き、ボイラー室には、2以上の出入口を設けなければいけません。 ○

5 ボイラー室に**固体燃料**を貯蔵するときは、原則として、これをボイラーの外側から1.2m以上離しておかなければいけません。 ○

問019 ボイラー（移動式ボイラー、屋外式ボイラー及び小型ボイラーを除く。）を設置するボイラー室について、法令上、誤っているものは次のうちどれか。

重要度
★★★

1 伝熱面積が3m²の蒸気ボイラーは、ボイラー室に設置しなければならない。

2 ボイラーの最上部から天井、配管その他のボイラーの上部にある構造物までの距離は、原則として、1.2m以上としなければならない。

3 ボイラー室には、必要がある場合のほか、引火しやすいものを持ち込ませてはならない。

4 立てボイラーは、ボイラーの外壁から壁、配管その他のボイラーの側部にある構造物（検査及びそうじに支障のない物を除く。）までの距離を、原則として、0.45m以上としなければならない。

5 ボイラー室に固体燃料を貯蔵するときは、原則として、これをボイラーの外側から1.2m以上離しておかなければならない。

（令和2年度／後期／問33）

問020 ボイラー（移動式ボイラー、屋外式ボイラー及び小型ボイラーを除く。）を設置するボイラー室について、法令に定められていない内容のものは次のうちどれか。

重要度
★★★

1 伝熱面積が4m²の蒸気ボイラーは、ボイラー室に設置しなければならない。

2 ボイラーの最上部から天井、配管その他のボイラーの上部にある構造物までの距離は、原則として、2m以上としなければならない。

3 ボイラー室には、必要がある場合のほか、引火しやすいものを持ち込ませてはならない。

4 立てボイラーは、ボイラーの外壁から壁、配管その他のボイラーの側部にある構造物（検査及びそうじに支障のない物を除く。）までの距離を、原則として、0.45m以上としなければならない。

5 ボイラー室に燃料の石炭を貯蔵するときは、原則として、これをボイラーの外側から1.2m以上離しておかなければならない。

（令和3年度／後期／問33）

問 019 ▶**ポイント** 事業者は、ボイラーをボイラー室に設置しなければなりません。が、伝熱面積が3m²以下のボイラーではこの限りではありません。 ▶テキストP.256

正解 1

1　伝熱面積が3m²の蒸気ボイラーは、ボイラー室に設置する必要はありません。 ✕

2　ボイラーの最上部から天井、配管その他のボイラーの**上部にある構造物**までの距離は、原則として、**1.2m以上**としなければいけません。 〇

3　ボイラー室には、必要がある場合のほか、**引火しやすいものを持ち込ませてはいけません。** 〇

4　**立てボイラー**は、ボイラーの外壁から壁、配管その他のボイラーの**側部にある構造物**（検査およびそうじに支障のない物を除く。）までの距離を、原則として、**0.45m以上**としなければいけません。 〇

5　ボイラー室に**固体燃料**を貯蔵するときは、原則として、これをボイラーの外側から**1.2m以上**離しておかなければいけません。 〇

問 020 ▶**ポイント** 出入口の数、天井までの距離、壁までの距離、燃料（固体、液体、気体）までの距離などの数字はしっかり覚えましょう。 ▶テキストP.256

正解 2

1　伝熱面積が4m²の蒸気ボイラーは、**ボイラー室に設置しなければいけません。** 〇

2　ボイラーの最上部から天井、配管その他のボイラーの**上部にある構造物**までの距離は、原則として、**1.2m以上**としなければいけません。 ✕

3　ボイラー室には、必要がある場合のほか、**引火しやすいものを持ち込ませてはいけません。** 〇

4　立てボイラーは、ボイラーの外壁から壁、配管その他のボイラーの**側部にある構造物**（検査およびそうじに支障のない物を除く。）までの距離を、原則として、**0.45m以上**としなければいけません。 〇

5　ボイラー室に燃料の**石炭**を貯蔵するときは、原則として、これをボイラーの外側から**1.2m以上**離しておかなければいけません。 〇

ボイラー室に設置されている胴の内径が900mmで、その長さが1500mmの立てボイラー（小型ボイラーを除く。）の場合、その外壁から壁、配管その他のボイラーの側部にある構造物（検査及びそうじに支障のない物を除く。）までの距離として、法令上、許容される最小の数値は次のうちどれか。

1　0.15m
2　0.30m
3　0.45m
4　1.20m
5　2.00m

（令和2年度／前期／問31）

問 021 **ポイント** ボイラー室の基準は必須問題です。それぞれの数値等をしっかりと押さえておきましょう。 ▶テキストP.257

正解 3

　本体を被覆していないボイラーまたは立てボイラーの外壁から、壁、配管その他の構造物までの距離は、0.45m以上としなければなりません。ただし、胴の内径500mm以下で胴の長さ1,000mm以下のボイラーでは0.3m以上とすることができます。

Point

ボイラー室の基準

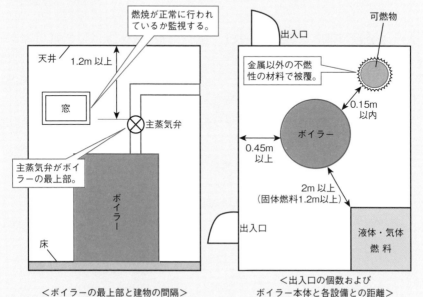

燃焼が正常に行われているか監視する。

天井

1.2m 以上

窓

主蒸気弁

主蒸気弁がボイラーの最上部。

ボイラー

床

＜ボイラーの最上部と建物の間隔＞

出入口

可燃物

金属以外の不燃性の材料で被覆。

ボイラー

0.15m
以内

0.45m
以上

2m 以上
（固体燃料1.2m以上）

出入口

液体・気体
燃料

＜出入口の個数および
ボイラー本体と各設備との距離＞

ボイラー取扱作業主任者の選任と職務

問 022 ボイラーの取扱いの作業について、法令上、ボイラー取扱作業主任者として二級ボイラー技士を選任できるボイラーは、次のうちどれか。

重要度
★★★

ただし、他にボイラーはないものとする。

1 最大電力設備容量が400kWの電気ボイラー
2 伝熱面積が30m²の鋳鉄製蒸気ボイラー
3 伝熱面積が30m²の炉筒煙管ボイラー
4 伝熱面積が25m²の煙管ボイラー
5 伝熱面積が60m²の廃熱ボイラー

(令和2年度／後期／問35)

問 023 法令上、原則としてボイラー技士でなければ取り扱うことができないボイラーは、次のうちどれか。

重要度
★★★

1 伝熱面積が14m²の温水ボイラー
2 伝熱面積が4m²の蒸気ボイラーで、胴の内径が800mm、かつ、その長さが1500mmのもの
3 伝熱面積が30m²の気水分離器を有しない貫流ボイラー
4 伝熱面積が3m²の蒸気ボイラー
5 最大電力設備容量が60kWの電気ボイラー

(令和3年度／前期／問38)

問 022 ▶ポイント 蒸気ボイラーは伝熱面積が25m²未満になります。ただし、電気ボイラーにおいては、電力設備容量20kWを1m²とみなして換算します。(400kW⇒20m²) ▶テキストP.249、P.258

正解 1

1　最大電力設備容量が400kWの電気ボイラーは、伝熱面積が25m²未満となるのでボイラー取扱作業主任者として二級ボイラー技士を選任できます。　〇

2　伝熱面積が30m²の鋳鉄製蒸気ボイラーは、伝熱面積が25m²を超えるのでボイラー取扱作業主任者として二級ボイラー技士を選任できません。　✕

3　伝熱面積が30m²の炉筒煙管ボイラーは、伝熱面積が25m²を超えるのでボイラー取扱作業主任者として二級ボイラー技士を選任できません。　✕

4　伝熱面積が25m²の煙管ボイラーは、伝熱面積が25m²を超えるのでボイラー取扱作業主任者として二級ボイラー技士を選任できません。　✕

5　伝熱面積が60m²の廃熱ボイラーは、60÷2＝30m²とみなされ伝熱面積が25m²を超えるのでボイラー取扱作業主任者として二級ボイラー技士を選任できません。　✕

問 023 ▶ポイント 小規模ボイラーにおいては、ボイラー技士免許がなくても、「ボイラー取扱技能講習修了証」を所持していれば取り扱うことができます。 ▶テキストP.249、P.258

正解 2

1　伝熱面積が14m²以下の温水ボイラーは小規模ボイラーであり、ボイラー技士免許がなくても取り扱うことができます。　✕

2　伝熱面積が4m²の蒸気ボイラーで、胴の内径が800mm、かつ、その長さが1,500mmのものは、2級ボイラー技士以上でなければ、取り扱うことができません。　〇

3　伝熱面積が30m²の気水分離器を有しない貫流ボイラーは小規模ボイラーであり、ボイラー技士免許がなくても取り扱うことができます。　✕

4　伝熱面積が3m²の蒸気ボイラーは小規模ボイラーであり、ボイラー技士免許がなくても取り扱うことができます。　✕

5　最大電力設備容量が60kWの電気ボイラーは、60÷20＝3m²とみなされ小規模ボイラーであり、ボイラー技士免許がなくても取り扱うことができます。　✕

問024 次のボイラーを取り扱う場合、法令上、算定される伝熱面積が最も大きいものはどれか。

重要度 ★★★

ただし、他にボイラーはないものとする。

1　伝熱面積が15m²の鋳鉄製温水ボイラー

2　伝熱面積が20m²の炉筒煙管ボイラー

3　最大電力設備容量が450kWの電気ボイラー

4　伝熱面積が240m²の貫流ボイラー

5　伝熱面積が50m²の廃熱ボイラー

（令和3年度／後期／問35）

問025 法令上、原則としてボイラー技士でなければ取り扱うことができないボイラーは、次のうちどれか。

重要度 ★★★

1　伝熱面積が10m²の温水ボイラー

2　伝熱面積が4m²の蒸気ボイラーで、胴の内径が850mm、かつ、その長さが1500mmのもの

3　伝熱面積が30m²の気水分離器を有しない貫流ボイラー

4　内径が400mmで、かつ、その内容積が0.2m³の気水分離器を有する伝熱面積が25m²の貫流ボイラー

5　最大電力設備容量が60kWの電気ボイラー

（令和4年度／前期／問35）

問 024　ポイント　ボイラーの伝熱面積の換算で、電気ボイラーは20、貫流ボイラーは10、廃熱ボイラーは2でそれぞれ除して比較をします。　　▶テキストP.249、P.258

正解　5

1　伝熱面積が15m²の鋳鉄製温水ボイラーは、伝熱面積が15m²です。　✕

2　伝熱面積が20m²の炉筒煙管ボイラーは、伝熱面積が20m²です。　✕

3　最大電力設備容量が450kWの電気ボイラーは、伝熱面積が450÷20 = 22. 5m²とみなされます。　✕

4　伝熱面積が240m²の貫流ボイラーは、伝熱面積が240÷10 = 24m²とみなされます。　✕

5　伝熱面積が50m²の廃熱ボイラーは、伝熱面積が50÷2 = 25m²とみなされます。　○

問 025　ポイント　小規模ボイラーにおいては、ボイラー技士免許がなくても、「ボイラー取扱技能講習修了証」を所持していれば取り扱うことができます。　　▶テキストP.249、P.258

正解　2

1　伝熱面積が10m²の温水ボイラーは小規模ボイラーであり、ボイラー技士免許がなくても取り扱うことができます。　✕

2　伝熱面積が4m²の蒸気ボイラーで、胴の内径が850mm、かつ、その長さが1,500mmのものは、2級ボイラー技士以上でなければ、取り扱うことができません。　○

3　伝熱面積が30m²の気水分離器を有しない貫流ボイラーは小規模ボイラーであり、ボイラー技士免許がなくても取り扱うことができます。　✕

4　内径が400mmで、かつ、その内容積が0.2m³の気水分離器を有する伝熱面積が25m²の貫流ボイラーは小規模ボイラーであり、ボイラー技士免許がなくても取り扱うことができます。　✕

5　最大電力設備容量が60kWの電気ボイラーは、60÷20 = 3m²とみなされ小規模ボイラーであり、ボイラー技士免許がなくても取り扱うことができます。　✕

問026 ボイラーの取扱いの作業について、法令上、ボイラー取扱作業主任者として二級ボイラー技士を選任できるボイラーは、次のうちどれか。

重要度
★★★

ただし、他にボイラーはないものとする。

1 伝熱面積が25m²の立てボイラー
2 伝熱面積が25m²の鋳鉄製蒸気ボイラー
3 伝熱面積が40m²の鋳鉄製温水ボイラー
4 伝熱面積が240m²の貫流ボイラー
5 最大電力設備容量が500kWの電気ボイラー

（平成30年度／後期／問36）

問027 法令で定められたボイラー取扱作業主任者の職務として、誤っているものは次のうちどれか。

重要度
★★★

1 適宜、吹出しを行い、ボイラー水の濃縮を防ぐこと。
2 低水位燃焼しゃ断装置、火炎検出装置その他の自動制御装置を点検し、及び調整すること。
3 1週間に1回以上水面測定装置の機能を点検すること。
4 最高使用圧力をこえて圧力を上昇させないこと。
5 給水装置の機能の保持に努めること。

（令和元年度／後期／問34）

問 026 ポイント ボイラー取扱作業主任者として二級ボイラー技士を選任できるのは、蒸気ボイラーにおいては伝熱面積が25m²未満（貫流ボイラーは250m²未満）になります。

▶テキストP.249、P.258

正解 **4**

1 伝熱面積が25m²の立てボイラーは、1級ボイラー技士以上でなければ、取り扱うことができません。 ✕

2 伝熱面積が25m²の鋳鉄製蒸気ボイラーは、1級ボイラー技士以上でなければ、取り扱うことができません。 ✕

3 伝熱面積が40m²の鋳鉄製温水ボイラーは、1級ボイラー技士以上でなければ、取り扱うことができません。 ✕

4 伝熱面積が240m²の貫流ボイラーは、240 ÷ 10 = 24m²とみなされ2級ボイラー技士以上を選任することができます。 ◯

5 最大電力設備容量が500kWの電気ボイラーは、500 ÷ 20 = 25m²とみなされ1級ボイラー技士以上でなければ、取り扱うことができません。 ✕

問 027 ポイント ボイラー取扱作業主任者の職務は必須問題です。それぞれの項目をしっかりと押さえておきましょう。 ▶テキストP.259

正解 **3**

1 適宜、吹出しを行い、ボイラー水の濃縮を防ぐことは、ボイラー取扱作業主任者の職務として定められています。 ◯

2 低水位燃焼しゃ断装置、火炎検出装置その他の**自動制御装置を点検**し、および調整することは、ボイラー取扱作業主任者の職務として定められています。 ◯

3 例外を除き、1日に1回以上、**水面測定装置**の機能を点検することは、ボイラー取扱作業主任者の職務として定められています。 ✕

4 **最高使用圧力**をこえて圧力を**上昇させない**ことは、ボイラー取扱作業主任者の職務として定められています。 ◯

5 **給水装置の機能の保持**に努めることは、ボイラー取扱作業主任者の職務として定められています。 ◯

問**028** ボイラー取扱作業主任者の職務として、法令に定められていないものは次のうちどれか。

重要度
★★★

1　圧力、水位及び燃焼状態を監視すること。
2　低水位燃焼しゃ断装置、火炎検出装置その他の自動制御装置を点検し、及び調整すること。
3　1日に1回以上水処理装置の機能を点検すること。
4　適宜、吹出しを行い、ボイラー水の濃縮を防ぐこと。
5　ボイラーについて異状を認めたときは、直ちに必要な措置を講ずること。

（令和3年度／前期／問37）

 問**029** ボイラー取扱作業主任者の職務として、法令に定められていないものは次のうちどれか。

 重要度
★★★

1　圧力、水位及び燃焼状態を監視すること。
2　急激な負荷の変動を与えないように努めること。
3　ボイラーについて異状を認めたときは、直ちに必要な措置を講ずること。
4　排出されるばい煙の測定濃度及びボイラー取扱い中における異常の有無を記録すること。
5　1日に1回以上水処理装置の機能を点検すること。

（令和4年度／前期／問36）

問 028 ポイント 1日に1回以上、機能の点検をするのは、水面測定装置です。水処理装置と間違えないようにしましょう。 **正解 3**

▶テキストP.259

1 圧力、水位および燃焼状態を監視することは、ボイラー取扱作業主任者の職務として定められています。 ○

2 低水位燃焼しゃ断装置、火炎検出装置その他の自動制御装置を点検し、および調整することは、ボイラー取扱作業主任者の職務として定められています。 ○

3 1日に1回以上水面測定装置の機能を点検することは、ボイラー取扱作業主任者の職務として定められています。 ✕

4 適宜、吹出しを行い、ボイラー水の濃縮を防ぐことは、ボイラー取扱作業主任者の職務として定められています。 ○

5 ボイラーについて異状を認めたときは、直ちに必要な措置を講ずることは、ボイラー取扱作業主任者の職務として定められています。 ○

問 029 ポイント ボイラー取扱作業主任者の職務として、問29から問31までの項目があります。特に1日に1回以上、水面測定装置の機能を点検することが重要です。 **正解 5**

▶テキストP.259

1 圧力、水位および燃焼状態を監視することは、ボイラー取扱作業主任者の職務として定められています。 ○

2 急激な負荷の変動を与えないように努めることは、ボイラー取扱作業主任者の職務として定められています。 ○

3 ボイラーについて異状を認めたときは、直ちに必要な措置を講ずることは、ボイラー取扱作業主任者の職務として定められています。 ○

4 排出されるばい煙の測定濃度およびボイラー取扱い中における異常の有無を記録することは、ボイラー取扱作業主任者の職務として定められています。 ○

5 1日に1回以上水面測定装置の機能を点検することは、ボイラー取扱作業主任者の職務として定められています。 ✕

05 附属品、ボイラー室、運転および安全管理

問 030

重要度
★★★

ボイラー（小型ボイラーを除く。）の附属品の管理のため行わなければならない事項として、法令上、誤っているものは次のうちどれか。

1 圧力計の目もりには、ボイラーの最高使用圧力を示す位置に、見やすい表示をすること。

2 蒸気ボイラーの常用水位は、ガラス水面計又はこれに接近した位置に、現在水位と比較することができるように表示すること。

3 圧力計は、使用中その機能を害するような振動を受けることがないようにし、かつ、その内部が凍結し、又は80℃以上の温度にならない措置を講ずること。

4 燃焼ガスに触れる給水管、吹出管及び水面測定装置の連絡管は、不燃性材料により保温その他の措置を講ずること。

5 逃がし管は、凍結しないように保温その他の措置を講ずること。

（平成30年度／後期／問37）

問 031

重要度
★★★

ボイラー（小型ボイラーを除く。）の附属品の管理のため行わなければならない事項に関するAからDまでの記述で、法令に定められているもののみを全て挙げた組合せは、次のうちどれか。

A 圧力計の目もりには、ボイラーの常用圧力を示す位置に、見やすい表示をすること。

B 蒸気ボイラーの最高水位は、ガラス水面計又はこれに接近した位置に、現在水位と比較することができるように表示すること。

C 燃焼ガスに触れる給水管、吹出管及び水面測定装置の連絡管は、耐熱材料で防護すること。

D 温水ボイラーの返り管については、凍結しないように保温その他の措置を講ずること。

1 A，B 　　　4 B，C，D

2 A，C，D 　　5 C，D

3 A，D

（令和2年度／後期／問40）

問 030 ポイント 附属品の管理は必須問題です。それぞれの項目をしっかりと
押さえておきましょう。　　　　　　　　　　　　　　▶テキストP.262

正解 **4**

1 圧力計の目もりには、ボイラーの**最高使用圧力**を示す位置に、見やすい
表示をします。　　　　　　　　　　　　　　　　　　　　　　　○

2 蒸気ボイラーの**常用水位**は、ガラス水面計またはこれに接近した位置に、
現在水位と比較することができるように表示します。　　　　　　○

3 圧力計は、使用中その機能を害するような**振動**を受けることがないよう
にし、かつ、その**内部**が凍結し、または**80℃以上**の温度にならない措
置を講じます。　　　　　　　　　　　　　　　　　　　　　　　○

4 燃焼ガスに触れる給水管、吹出管および水面測定装置の連絡管は、**耐熱**
材料で防護します。　　　　　　　　　　　　　　　　　　　　　×

5 **逃がし管**は、凍結しないように保温その他の措置を講じます。　　○

問 031 ポイント 圧力計は目盛りの表示と温度管理、水位は比較、連絡管は防
護、逃がし管および返り管の位置は、しっかり押さえましょ
う。　　　　　　　　　　　　　　　　　　　　　▶テキストP.262

正解 **5**

A 圧力計の目もりには、ボイラーの**最高使用圧力**を示す位置に、見やすい
表示をします。　　　　　　　　　　　　　　　　　　　　　　　×

B 蒸気ボイラーの**常用水位**は、ガラス水面計またはこれに接近した位置に、
現在水位と比較することができるように表示をします。　　　　　×

C 燃焼ガスに触れる給水管、吹出管および水面測定装置の連絡管は、**耐熱**
材料で防護します。　　　　　　　　　　　　　　　　　　　　　○

D 温水ボイラーの**返り管**については、**凍結しないように保温その他の措置**
を講じます。　　　　　　　　　　　　　　　　　　　　　　　　　○

ボイラー（小型ボイラーを除く。）の附属品の管理のため行わなければならない事項に関するAからDまでの記述で、法令に定められているもののみを全て挙げた組合せは、次のうちどれか。

重要度 ★★★

A 圧力計の目もりには、ボイラーの最高使用圧力を示す位置に、見やすい表示をすること。

B 蒸気ボイラーの水高計の目もりには、常用水位を示す位置に、見やすい表示をすること。

C 燃焼ガスに触れる給水管、吹出管及び水面測定装置の連絡管は、不燃性材料により保温その他の措置を講ずること。

D 圧力計は、使用中その機能を害するような振動を受けることがないようにし、かつ、その内部が凍結し、又は80℃以上の温度にならない措置を講ずること。

1 A，B，D   4 B，C
2 A，C，D   5 C，D
3 A，D

（令和3年度／後期／問40）

ボイラー（小型ボイラーを除く。）の附属品の管理について、次の文中の　　　　　内に入れるA及びBの語句の組合せとして、法令上、正しいものは1〜5のうちどれか。

重要度 ★★★

「温水ボイラーの　A　及び　B　については、凍結しないように保温その他の措置を講じなければならない。」

	A	B		A	B
1	吹出し管	給水管	4	返り管	逃がし管
2	あふれ管	逃がし弁	5	安全弁	あふれ管
3	給水管	返り管			

（令和元年度／後期／問31）

問 032 ▶ポイント 水高計は、温水ボイラーの圧力を測る計器です。それぞれの
連絡管は熱を遮断することが重要です。 ▶テキストP.262

正解 **3**

A 圧力計の目もりには、ボイラーの**最高使用圧力**を示す位置に、見やすい
表示をします。 ○

B 蒸気ボイラーの水高計の目もりには、ボイラーの**最高使用圧力**を示す位
置に、見やすい表示をします。 ✕

C 燃焼ガスに触れる給水管、吹出管および水面測定装置の連絡管は、耐熱
材料で防護します。 ✕

D **圧力計**は、使用中その機能を害するような振動を受けることがないよう
にし、かつ、その内部が凍結し、または80℃以上の温度にならない措
置を講じます。 ○

問 033 ▶ポイント 温水ボイラーの返り管および逃がし管については、凍結しな
いように保温その他の措置を講じなければならない。

▶テキストP.262

正解 **4**

「温水ボイラーの返り管および逃がし管については、凍結しないように保
温その他の措置を講じなければならない。」

鋼製ボイラー（貫流ボイラー及び小型ボイラーを除く。）の安全弁について、法令に定められていないものは次のうちどれか。

重要度
★★★

1 安全弁は、ボイラー本体の容易に検査できる位置に直接取り付け、かつ、弁軸を鉛直にしなければならない。

2 伝熱面積が50m²を超える蒸気ボイラーには、安全弁を2個以上備えなければならない。

3 水の温度が100℃を超える温水ボイラーには、安全弁を備えなければならない。

4 過熱器には、過熱器の出口付近に過熱器の温度を設計温度以下に保持することができる安全弁を備えなければならない。

5 過熱器用安全弁は、胴の安全弁より先に作動するように調整しなければならない。

（令和2年度／後期／問38）

問035 次の文中の _____ 内に入れるA及びBの語句の組合せとして、法令に定められているものは1〜5のうちどれか。

重要度
★★★

「蒸気ボイラー（小型ボイラーを除く。）の ___A___ は、ガラス水面計又はこれに接近した位置に、 ___B___ と比較することができるように表示しなければならない。」

	A	B
1	最低水位	常用水位
2	最低水位	現在水位
3	常用水位	現在水位
4	常用水位	最低水位
5	現在水位	常用水位

（令和4年度／前期／問32）

解説

問 034　ポイント　安全弁の作動の手順は、過熱器⇒本体⇒エコノマイザの順に作動するよう調整します。　▶テキストP.262、P.266

正解 3

1　安全弁は、ボイラー本体の容易に検査できる位置に直接取り付け、かつ、弁軸を鉛直にしなければいけません。　○

2　伝熱面積が50m²を超える蒸気ボイラーには、安全弁を2個以上備えなければいけません。伝熱面積50m²以下の蒸気ボイラーでは、安全弁を1個とすることができます。　○

3　水の温度が120℃を超える温水ボイラーには、安全弁を備えなければなりません。　×

4　過熱器には、過熱器の出口付近に過熱器の温度を設計温度以下に保持することができる安全弁を備えなければいけません。　○

5　過熱器用安全弁は、胴の安全弁より先に作動するように調整しなければなりません。　○

問 035　ポイント　常に上下に動く現在水位と比較できるように水面計の常用水位の位置に印をつけます。　▶テキストP.262、P.267

正解 3

「蒸気ボイラー（小型ボイラーを除く。）の常用水位は、ガラス水面計またはこれに接近した位置に、現在水位と比較することができるように表示しなければならない。」

重要度
★★★

ボイラー（小型ボイラーを除く。）について、そうじ、修繕等のためボイラー（燃焼室を含む。）の内部に入るとき行わなければならない措置として、ボイラー及び圧力容器安全規則に定められていないものは次のうちどれか。

1 ボイラーを冷却すること。

2 ボイラーの内部の換気を行うこと。

3 ボイラーの内部で使用する移動電燈は、ガードを有するものを使用させること。

4 監視人を配置すること。

5 使用中の他のボイラーとの管連絡を確実にしゃ断すること。

（令和元年度／後期／問40）

重要度
★★★

ボイラー（移動式ボイラー及び小型ボイラーを除く。）について、次の文中の ［　　　　　］ 内に入れるAからCまでの語句の組合せとして、法令上、正しいものは1〜5のうちどれか。

「［　A　］並びにボイラー［　B　］の［　C　］及び氏名をボイラー室その他のボイラー設置場所の見やすい箇所に掲示しなければならない。」

	A	B	C
1	ボイラー明細書	管理責任者	職名
2	ボイラー明細書	取扱作業主任者	所属
3	ボイラー検査証	管理責任者	職名
4	ボイラー検査証	取扱作業主任者	資格
5	最高使用圧力	取扱作業主任者	所属

（令和2年度／後期／問39）

問 036 ▶ **ポイント** 内部に入るときは、使用する移動電線はキャブタイヤケーブルまたは同等以上の絶縁効力および強度を有するもの、かつ、移動電燈はガードを有するものを使用します。

正解 4

▶テキストP.156、P.266

1 ボイラーを冷却しなければなりません。 ○

2 ボイラーの内部の換気を行わなければなりません。 ○

3 ボイラーの内部で使用する移動電燈は、ガードを有するものを使用させなければなりません。 ○

4 監視人を配置することは必要ですが、法令では定められていません。 ✕

5 使用中の他のボイラーとの管連絡を確実にしゃ断しなければなりません。 ○

問 037 ▶ **ポイント** ボイラー室には、「関係者以外立入禁止」の掲示や、必要がある場合以外は「引火物持込禁止」なども押さえておきましょう。

正解 4

▶テキストP.262

「ボイラー検査証並びにボイラー取扱作業主任者の資格および氏名をボイラー室その他のボイラー設置場所の見やすい箇所に掲示しなければならない。」

✎ **学習法**

附属品、ボイラー室、運転および安全管理の出題傾向
附属品の管理、ボイラー室の管理は必須問題です。定期自主検査では、実施時期と保存期間および項目と点検事項の組合せは必ず押さえましょう。

問038 ボイラー（小型ボイラーを除く。）の定期自主検査について、法令に定められ
ていないものは次のうちどれか。

重要度
★★★

1 定期自主検査は、1か月をこえる期間使用しない場合を除き、1か月以内
　ごとに1回、定期に、行わなければならない。

2 定期自主検査は、大きく分けて、「ボイラー本体」、「燃焼装置」、「自動制御装
　置」及び「附属装置及び附属品」の4項目について行わなければならない。

3 「自動制御装置」の電気配線については、端子の異常の有無について点検
　しなければならない。

4 「附属装置及び附属品」の水処理装置については、機能の異常の有無につ
　いて点検しなければならない。

5 定期自主検査を行ったときは、その結果を記録し、これを5年間保存しな
　ければならない。

（令和2年度／前期／問32）

問039 ボイラー（小型ボイラーを除く。）の定期自主検査について、法令に定められ
ていないものは次のうちどれか。

重要度
★★★

1 定期自主検査は、1か月をこえる期間使用しない場合を除き、1か月以内
　ごとに1回、定期に、行わなければならない。

2 定期自主検査は、大きく分けて、「ボイラー本体」、「通風装置」、「自動制御装
　置」及び「附属装置及び附属品」の4項目について行わなければならない。

3 「自動制御装置」の電気配線については、端子の異常の有無について点検
　しなければならない。

4 「附属装置及び附属品」の給水装置については、損傷の有無及び作動の状
　態について点検しなければならない。

5 定期自主検査を行ったときは、その結果を記録し、これを3年間保存しな
　ければならない。

（令和4年度／前期／問33）

問 038 **ポイント** 定期自主検査は、必須問題です。まずは1か月以内ごとに1回、自主検査を行い、記録を3年間保存することは押さえましょう。 ▶テキストP.263

正解 5

1 事業者は、1か月以内ごとに1回、定期的に**自主検査**を行わなければなりません。 ○

2 定期自主検査は、大きく分けて、「**ボイラー本体**」、「**燃焼装置**」、「**自動制御装置**」および「**附属装置および附属品**」の4項目について行わなければなりません。 ○

3 「自動制御装置」の電気配線については、**端子の異常の有無**について点検しなければなりません。 ○

4 「附属装置および附属品」の水処理装置については、**機能の異常の有無**について点検しなければなりません。 ○

5 定期自主検査を行ったときは、その結果を記録し、**3年間保存**しなければなりません。 ×

問 039 **ポイント** 定期自主検査の項目の中で、大きく分けると「ボイラー本体」「燃焼装置」「自動制御装置」「附属装置および附属品」の4項目になります。 ▶テキストP.263

正解 2

1 定期自主検査は、1か月をこえる期間使用しない場合を除き、**1か月以内ごとに1回**、定期に、行わなければなりません。 ○

2 定期自主検査は、大きく分けて、「**ボイラー本体**」、「**燃焼装置**」、「**自動制御装置**」および「**附属装置および附属品**」の4項目について行わなければなりません。 ×

3 「自動制御装置」の電気配線については、**端子の異常の有無**について点検しなければなりません。 ○

4 「附属装置および附属品」の給水装置については、**損傷の有無および作動の状態**について点検しなければなりません。 ○

5 定期自主検査を行ったときは、その結果を記録し、これを**3年間保存**しなければなりません。 ○

ボイラー（小型ボイラーを除く。）の定期自主検査における項目と点検事項との組合せとして、法令に定められていないものは次のうちどれか。

重要度
★★★

	項目	点検事項
1	バーナ	汚れ又は損傷の有無
2	燃料しゃ断装置	機能の異常の有無
3	給水装置	損傷の有無及び作動の状態
4	水処理装置	機能の異常の有無
5	ボイラー本体	水圧試験による漏れの有無

（令和 3 年度／前期／問39）

ボイラー（小型ボイラーを除く。）の定期自主検査における項目と点検事項との組合せとして、法令に定められていないものは次のうちどれか。

重要度
★★★

	項目	点検事項
1	圧力調節装置	機能の異常の有無
2	ストレーナ	つまり又は損傷の有無
3	油加熱器及び燃料送給装置	保温の状態及び損傷の有無
4	バーナ	汚れ又は損傷の有無
5	煙道	漏れその他の損傷の有無及び通風圧の異常の有無

（令和元年度／前期／問32）

問 040 **ポイント** 大きな4項目を細分化した項目と、点検事項の項目は押さえ
ましょう。 ▶テキストP.263

正解 5

1 バーナの点検事項は、汚れまたは損傷の有無です。 ○
2 燃料しゃ断装置の点検事項は、機能の異常の有無です。 ○
3 給水装置の点検事項は、損傷の有無および作動の状態です。 ○
4 水処理装置の点検事項は、機能の異常の有無です。 ○
5 定期自主検査における「ボイラー本体」の点検事項は、「損傷の有無」
になります。 ✕

問 041 **ポイント** 自動制御装置と附属装置の水処理装置以外の点検事項は、原
則、損傷の有無になります。それ以外はそれぞれの項目の特
徴と結びつけられるようにしましょう。 ▶テキストP.263

正解 3

1 圧力調節装置の点検事項は、機能の異常の有無です。 ○
2 ストレーナの点検事項は、つまりまたは損傷の有無です。 ○
3 定期自主検査における「油加熱器および燃料送給装置」の点検事項は、
「損傷の有無」になります。 ✕
4 バーナの点検事項は、汚れまたは損傷の有無です。 ○
5 煙道の点検事項は、漏れその他の損傷の有無および通風圧の異常の有無
です。 ○

問042 鋼製ボイラー（小型ボイラーを除く。）の安全弁について、法令に定められていないものは次のうちどれか。

重要度
★★★

1 伝熱面積が50m²を超える蒸気ボイラーには、安全弁を2個以上備えなければならない。

2 貫流ボイラー以外の蒸気ボイラーの安全弁は、ボイラー本体の容易に検査できる位置に直接取り付け、かつ、弁軸を鉛直にしなければならない。

3 貫流ボイラーに備える安全弁については、当該ボイラーの最大蒸発量以上の吹出し量のものを過熱器の出口付近に取り付けることができる。

4 過熱器には、過熱器の出口付近に過熱器の温度を設計温度以下に保持することができる安全弁を備えなければならない。

5 水の温度が100℃を超える温水ボイラーには、安全弁を備えなければならない。

（令和元年度／後期／問38）

問043 鋼製ボイラー（小型ボイラーを除く。）の安全弁について、法令に定められていないものは次のうちどれか。

重要度
★★

1 貫流ボイラーに備える安全弁については、当該ボイラーの最大蒸発量以上の吹出し量のものを過熱器の出口付近に取り付けることができる。

2 貫流ボイラー以外の蒸気ボイラーの安全弁は、ボイラー本体の容易に検査できる位置に直接取り付け、かつ、弁軸を鉛直にしなければならない。

3 水の温度が120℃を超える温水ボイラーには、逃がし弁を備えなければならない。

4 過熱器には、過熱器の出口付近に過熱器の温度を設計温度以下に保持することができる安全弁を備えなければならない。

5 伝熱面積が50m²を超える蒸気ボイラーには、安全弁を2個以上備えなければならない。

（令和3年度／前期／問32）

問 042　ポイント　安全弁は必須問題です。この問題の選択肢はすべて重要なので、しっかり押さえましょう。　▶テキストP.266　**正解　5**

1　蒸気ボイラーには、安全弁を2個以上備えなければなりません。ただし、伝熱面積が50m²以下の蒸気ボイラーでは安全弁を1個とすることができます。　○

2　貫流ボイラー以外の蒸気ボイラーの安全弁は、ボイラー本体の容易に検査できる位置に直接取り付け、かつ、弁軸を鉛直にしなければなりません。　○

3　貫流ボイラーに備える安全弁については、当該ボイラーの最大蒸発量以上の吹出し量のものを過熱器の出口付近に取り付けることができます。　○

4　過熱器には、過熱器の出口付近に過熱器の温度を設計温度以下に保持することができる安全弁を備えなければなりません。　○

5　水の温度が120℃を超える鋼製温水ボイラーには、安全弁を備えなければなりません。　✕

問 043　ポイント　水の温度が120℃以下の温水ボイラーには、内部の圧力が最高使用圧力以下に保持できる逃がし弁ないしは逃がし管を備えなければなりません。　▶テキストP.266　**正解　3**

1　貫流ボイラーに備える安全弁については、当該ボイラーの最大蒸発量以上の吹出し量のものを過熱器の出口付近に取り付けることができます。　○

2　貫流ボイラー以外の蒸気ボイラーの安全弁は、ボイラー本体の容易に検査できる位置に直接取り付け、かつ、弁軸を鉛直にしなければなりません。　○

3　水の温度が120℃を超える鋼製温水ボイラーには、安全弁を備えなければなりません。　✕

4　過熱器には、過熱器の出口付近に過熱器の温度を設計温度以下に保持することができる安全弁を備えなければなりません。　○

5　伝熱面積が50m²を超える蒸気ボイラーには、安全弁を2個以上備えなければなりません。　○

問 044

重要度
★★★

鋼製蒸気ボイラー（小型ボイラーを除く。）の蒸気部に取り付ける圧力計について講ずる措置として、法令に定められていないものは次のうちどれか。

1 蒸気が直接圧力計に入らないようにすること。

2 コック又は弁の開閉状況を容易に知ることができること。

3 圧力計への連絡管は、容易に閉そくしない構造であること。

4 圧力計の目盛盤の最大指度は、最高使用圧力の1.5倍以上2倍以下の圧力を示す指度とすること。

5 圧力計の目盛盤の径は、目盛りを確実に確認できるものであること。

（令和4年度／前期／問31）

問 045

重要度
★★★

次の文中の _____ 内に入れるAからCまでの語句又は数値の組合せとして、法令上、正しいものは1〜5のうちどれか。

「鋼製蒸気ボイラー（小型ボイラーを除く。）の圧力計の目盛盤の最大指度は、 A の B 倍以上 C 倍以下の圧力を示す指度としなければならない。」

	A	B	C
1	最高使用圧力	1.2	2
2	常用圧力	1.2	2
3	最高使用圧力	1.2	3
4	常用圧力	1.5	3
5	最高使用圧力	1.5	3

（令和2年度／前期／問35）

問 044 **ポイント** 圧力計は、必須問題です。しっかりと押さえておきましょう。

正解 **4**

▶テキストP.267

1 蒸気が直接圧力計に入らないようにします。 ○

2 コックまたは弁の開閉状況を容易に知ることができるようにします。 ○

3 圧力計への連絡管は、容易に閉そくしない構造にします。 ○

4 圧力計の目盛盤の最大指度は、**最高使用圧力**の 1.5 倍以上 3 倍以下の圧 ✕
  力を示す指度とします。

5 圧力計の**目盛盤**の径は、**目盛り**を確実に確認できるものにします。 ○

問 045 **ポイント** 圧力計の最大指度は出題頻度の高い問題です。常用圧力と最
高使用圧力を間違えやすいので注意しましょう。

正解 **5**

▶テキストP.267

「鋼製蒸気ボイラー（小型ボイラーを除く。）の圧力計の目盛盤の最大指度
は、**最高使用圧力**の 1.5 倍以上 3 倍以下の圧力を示す指度としなければなら
ない。」

⚲ **Point**

圧力計の構造規格

圧力計は、使用中その機能を害するような振動を受けないようにし、かつ、その内
部が80℃以上の温度にならない措置を講じなければなりません。そのため、圧力
計に蒸気が直接入らないようにするとともに、圧力計への連絡管は容易に閉塞しな
い構造でなければなりません。

鋳鉄製温水ボイラー（小型ボイラーを除く。）に取り付けなければならない法令に定められている附属品は、次のうちどれか。

重要度
★★

1　験水コック
2　ガラス水面計
3　温度計
4　吹出し管
5　水柱管

（令和元年度／後期／問37）

鋳鉄製ボイラー（小型ボイラーを除く。）の附属品について、次の文中の　　　　　　内に入れるAからCまでの語句の組合せとして、法令上、正しいものは1～5のうちどれか。

重要度
★★★

「　A　ボイラーには、ボイラーの　B　付近における　A　の　C　を表示する　C　計を取り付けなければならない。」

	A	B	C
1	蒸気	入口	温度
2	蒸気	出口	流量
3	温水	出口	流量
4	温水	入口	温度
5	温水	出口	温度

（令和元年度／前期／問34）

問 046 ▶**ポイント** 温水ボイラーには、水高計（圧力計）と温度計を取り付けます。水高計と温度計が一体となったものが主流となっています。 ▶テキストP.267

1 験水コックは、温水ボイラーには取り付ける**義務はありません。** ✕
2 ガラス水面計は、温水ボイラーには取り付ける**義務はありません。** ✕
3 温水ボイラーには、ボイラー本体または温水の出口付近に**水高計**を設けなければなりませんが、水高計に代えて**圧力計**を設置することもできます。なお、水高計付近には、**温度計**を取り付けなければなりません。 ◯
4 吹出し管は、温水ボイラーには取り付ける**義務はありません。** ✕
5 水柱管は、温水ボイラーには取り付ける**義務はありません。** ✕

問 047 ▶**ポイント** 温水ボイラーの温度計は、最近、出題頻度が高くなっています。しっかり押さえましょう。 ▶テキストP.267

「**温水ボイラーには、ボイラーの出口付近における温水の温度を表示する温度計を取り付けなければならない。**」

Point

温度水高計の外観

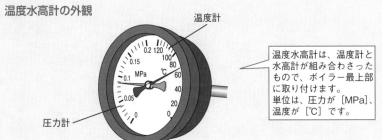

温度計

温度水高計は、温度計と水高計が組み合わさったもので、ボイラー最上部に取り付けます。単位は、圧力が［MPa］、温度が［℃］です。

圧力計

鋼製ボイラー（小型ボイラーを除く。）の水面測定装置について、次の文中
の _____ 内に入れるAからCまでの語句の組合せとして、法令に定められ
ているものは1〜5のうちどれか。

重要度
★★★

「 A 側連絡管は、管の途中に中高又は中低のない構造とし、かつ、これ
を水柱管又はボイラーに取り付ける口は、水面計で見ることができ
る B 水位より C であってはならない。」

	A	B	C
1	水	最高	下
2	水	最低	上
3	水	最低	下
4	蒸気	最高	上
5	蒸気	最低	上

（令和3年度／前期／問36）

問 048 ポイント 水位を常に確認できるように、水側連絡管の取付口は、最低
水位より下でなければなりません。 ▶テキストP.267

正解
2

「水側連絡管は、管の途中に中高または中低のない構造とし、かつ、これ
を水柱管またはボイラーに取り付ける口は、水面計で見ることができる最低
水位より上であってはならない。」

Point

水面測定装置
水側連絡管の取付口が、安全低水面より上に来ると、水位が安全低水面まで下がっ
たときに、水位が水面計に表れなくなってしまいます。

問 049

重要度
★★★

次の文中の 　　　　内に入れるA及びBの数値の組合せとして、法令に定められているものは1～5のうちどれか。

「鋳鉄製温水ボイラー（小型ボイラーを除く。）で圧力が 　A　 MPaを超えるものには、温水温度が 　B　 ℃を超えないように温水温度自動制御装置を設けなければならない。」

	A	B
1	0.1	80
2	0.2	100
3	0.2	120
4	0.3	120
5	0.4	120

（令和元年度／後期／問36）

問 050

重要度
★★★

給水が水道その他圧力を有する水源から供給される場合に、法令上、当該水源に係る管を返り管に取り付けなければならないボイラー（小型ボイラーを除く。）は、次のうちどれか。

1 多管式立て煙管ボイラー
2 鋳鉄製ボイラー
3 炉筒煙管ボイラー
4 水管ボイラー
5 貫流ボイラー

（令和2年度／前期／問40）

問049　ポイント　温水温度自動制御装置は、最近、出題頻度が高くなっていますので、押さえておきましょう。　▶テキストP.269

正解 **4**

「鋳鉄製温水ボイラー（小型ボイラーを除く。）で圧力が0.3MPaを超えるものには、温水温度が120℃を超えないように温水温度自動制御装置を設けなければならない。」

問050　ポイント　鋳鉄製ボイラーは、給水時の温度低下による不同膨張により割れるのを防ぐため、給水管と返り管を混合させ、高い温度の給水をします。　▶テキストP.270

正解 **2**

1　多管式立て煙管ボイラーは、当該水源に係わる管（給水管）を返り管に取り付ける**義務はありません**。　✕

2　鋳鉄製ボイラー（小型ボイラーを除く。）で、給水が水道その他の圧力を有する水源から供給される場合、当該水源に係わる管（給水管）を返り管に取り付け**なければなりません**。　〇

3　炉筒煙管ボイラーは、当該水源に係わる管（給水管）を返り管に取り付ける**義務はありません**。　✕

4　水管ボイラーは、当該水源に係わる管（給水管）を返り管に取り付ける**義務はありません**。　✕

5　貫流ボイラーは、当該水源に係わる管（給水管）を返り管に取り付ける**義務はありません**。　✕

問051 次の文中の ［ ］内に入れるAの数値及びBの語句の組合せとして、法令に定められているものは1～5のうちどれか。

「水の温度が ［ A ］℃を超える鋼製温水ボイラー（小型ボイラーを除く。）には、内部の圧力を最高使用圧力以下に保持することができる ［ B ］を備えなければならない。」

	A	B
1	100	温水温度自動制御装置
2	100	安全弁
3	120	安全弁
4	120	温水温度自動制御装置
5	130	温水循環装置

（平成30年度／後期／問38）

問052 貫流ボイラー（小型ボイラーを除く。）の附属品について、法令上、定められていないものは次のうちどれか。

1 過熱器には、ドレン抜きを備えなければならない。

2 ボイラーの最大蒸発量以上の吹出し量の安全弁を、ボイラー本体ではなく過熱器の出口付近に取り付けることができる。

3 給水装置の給水管には、給水弁を取り付けなければならないが、逆止め弁は取り付けなくてもよい。

4 起動時に水位が安全低水面以下である場合及び運転時に水位が安全低水面以下になった場合に、自動的に燃料の供給を遮断する低水位燃料遮断装置を設けなければならない。

5 吹出し管は、設けなくてもよい。

（平成30年度／後期／問39）

解説

問 051 ポイント 温水ボイラーの安全装置として、120℃以下では逃がし管または逃がし弁を設け、120℃を超える場合は安全弁を備えなければなりません。　　　　　▶テキストP.266

正解 **3**

「水の温度が120℃を超える鋼製温水ボイラー（小型ボイラーを除く。）には、内部の圧力を最高使用圧力以下に保持することができる**安全弁**を備えなければならない。」

問 052 ポイント 貫流ボイラーにおいては、起動時および運転時にボイラー水が不足の場合に、自動的に燃料を遮断する装置またはこれに代わる安全装置を設けなければなりません。　▶テキストP.271

正解 **4**

1　過熱器には、ドレン抜きを備えなければなりません。　○

2　ボイラーの最大蒸発量以上の吹出し量の**安全弁**を、ボイラー本体ではなく過熱器の出口付近に取り付けることができます。　○

3　給水装置の給水管には、給水弁を取り付けなければなりませんが、逆止め弁は取り付けなくてもよいです。　○

4　起動時にボイラー水が不足している場合および運転時にボイラー水が不足した場合に、自動的に燃料の供給を遮断する装置、またはこれに代わる安全装置を設けなければなりません。　×

5　吹出し管は、設けなくてもよいです。　○

287

貫流ボイラー（小型ボイラーを除く。）の附属品について、法令に定められていない内容のものは次のうちどれか。

1 過熱器には、ドレン抜きを備えなければならない。
2 ボイラーの最大蒸発量以上の吹出し量の安全弁を、ボイラー本体ではなく過熱器の出口付近に取り付けることができる。
3 給水装置の給水管には、逆止め弁を取り付けなければならないが、給水弁は取り付けなくてもよい。
4 起動時にボイラー水が不足している場合及び運転時にボイラー水が不足した場合に、自動的に燃料の供給を遮断する装置又はこれに代わる安全装置を設けなければならない。
5 吹出し管は、設けなくてもよい。

（令和2年度／前期／問39）

貫流ボイラー（小型ボイラーを除く。）の附属品について、AからDまでの記述のうち、法令に定められているものを全て挙げた組合せは、次のうちどれか。

A 過熱器には、ドレン抜きを備えなければならない。
B 給水装置の給水管には、給水弁及び逆止め弁を取り付けなければならない。
C 起動時にボイラー水が不足している場合及び運転時にボイラー水が不足した場合に、自動的に燃料の供給を遮断する装置又はこれに代わる安全装置を設けなければならない。
D 吹出し管は、設けなくてもよい。

1 A，B
2 A，B，C
3 A，C，D
4 B，C，D
5 C，D

（令和元年度／前期／問40）

問053 ▶ポイント　貫流ボイラーには胴やドラムがないため、ボイラー水の濃縮

などがなく、吹出し管は必要ありません。　▶テキストP.269

正解 3

1　過熱器には、ドレン抜きを備えなければなりません。　○

2　ボイラーの最大蒸発量以上の吹出し量の**安全弁**を、ボイラー本体ではな　○
　く過熱器の出口付近に取り付けることができます。

3　貫流ボイラーの給水装置の給水管には、給水弁のみとすることができます。　×

4　起動時にボイラー水が不足している場合および運転時にボイラー水が不　○
　足した場合に、自動的に燃料の供給を遮断する装置またはこれに代わる
　安全装置を設けなければなりません。

5　吹出し管は、設けなくてもよいです。　○

問054 ▶ポイント　給水装置の給水管には、給水弁および給水逆止め弁を取り付

けなければなりませんが、貫流ボイラーは給水弁のみとする

ことができます。　▶テキストP.269

正解 3

A　過熱器には、ドレン抜きを備えなければなりません。　○

B　貫流ボイラーの給水装置の給水管には、給水弁のみでよいです。　×

C　起動時にボイラー水が不足している場合および運転時にボイラー水が不　○
　足した場合に、自動的に燃料の供給を遮断する装置またはこれに代わる
　安全装置を設けなければなりません。

D　吹出し管は、設けなくてもよいです。　○

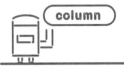

ボイラー試験に合格するコツ

　ボイラー技士の仕事は、水に熱を伝え発生した温水や蒸気を必要な施設や機械に送り出すことです。また、ビルや工場などの施設内の空気や温水を適切な状態に保ち、ボイラーや関係している機械を安全に動かすことです。

　つまり、ボイラーは、燃料を燃焼させエネルギーを発生させるので、専門的な知識を持った人が動かさないと危険です。ボイラー技士の仕事は、重要な業務といえます。

　ボイラーを正常に運転するため、日々の点検や管理、修繕もボイラー技士の重要な仕事です。

　ボイラー技士に合格するためには、安全に、環境に優しく、効率よく運転することが重要です。そのためには、危険性はどこにあるのか、環境や人体への影響はどのようなものから発生するのか、効率を悪くする原因は何か、といった問題意識をまず持つことです。そして、その対応や防止策あるいは決まり事などを理解する意識を持って勉強することです。まずは、テキストでそれらのポイントを押さえ、それから問題で確認していくことが、合格の早道です。

" 模擬試験 "

模擬試験では、本試験の合格基準（科目ごとの得点が
40％以上で、かつ合計点が60％以上）に達するように
取り組みましょう。

問001 ボイラーの水循環について、誤っているものは次のうちどれか。

1　ボイラー内で、温度が上昇した水および気泡を含んだ水は上昇し、その後に温度の低い水が下降して、水の循環流ができる。

2　丸ボイラーは、伝熱面の多くがボイラー水中に設けられ、水の対流が困難なので、水循環の系路を構成する必要がある。

3　水管ボイラーでは、特に水循環を良くするため、上昇管と降水管を設けているものが多い。

4　自然循環式水管ボイラーは、高圧になるほど蒸気と水との密度差が小さくなり、循環力が弱くなる。

5　水循環が良いと熱が水に十分に伝わり、伝熱面温度は水温に近い温度に保たれる。

問002 ボイラーの伝熱面、燃焼室および燃焼装置について、誤っているものは次のうちどれか。

1　燃焼室に直面している伝熱面は接触伝熱面、燃焼室を出たガス通路に配置される伝熱面は対流伝熱面といわれる。

2　燃焼室は、燃料を燃焼させ、熱が発生する部分で、火炉ともいわれる。

3　燃焼装置は、燃料の種類によって異なり、液体燃料、気体燃料および微粉炭にはバーナが、一般固体燃料には火格子が用いられる。

4　燃焼室は、供給された燃料を速やかに着火・燃焼させ、発生する可燃性ガスと空気との混合接触を良好にして、完全燃焼を行わせる部分である。

5　加圧燃焼方式の燃焼室は、気密構造になっている。

問003 丸ボイラーと比較した水管ボイラーの特徴として、誤っているものは次のうちどれか。

1　構造上、低圧小容量用から高圧大容量用までに適している。

2　伝熱面積を大きくとれるので、一般に熱効率を高くできる。

3　伝熱面積当たりの保有水量が小さいので、起動から所要蒸気発生までの時間が短い。

4　使用蒸気量の変動による圧力変動および水位変動が大きい。

5　戻り燃焼方式を採用して、燃焼効率を高めているものが多い。

問004 次の文中の ☐ 内に入れるAおよびBの語句の組合せとして、適切なものは1〜5のうちどれか。

「暖房用鋳鉄製蒸気ボイラーでは、一般に復水を循環して使用し、給水管はボイラーに直接接続しないで ☐A☐ に取り付け、☐B☐ を防止する。

	A	B
1	逃がし管	給水圧力の異常な昇圧
2	返り管	給水圧力の異常な昇圧
3	返り管	低水位事故
4	受水槽	低水位事故
5	膨張管	給水圧力の異常な昇圧

問005 ボイラー各部の構造および強さについて、誤っているものは次のうちどれか。

1　皿形鏡板は、球面殻、環状殻および円筒殻から成っている。

2　胴と鏡板の厚さが同じ場合、圧力によって生じる応力について、胴の周継手は長手継手より2倍強い。

3　皿形鏡板に生じる応力は、すみの丸みの部分において最も大きい。この応力は、すみの丸みの半径が大きいほど大きくなる。

4　平鏡板の大径のものや高い圧力を受けるものは、内部の圧力によって生じる曲げ応力に対して、強度を確保するためステーによって補強する。

5　管板には、煙管のころ広げに要する厚さを確保するため、一般に平管板が用いられる。

問006 ボイラーの水面測定装置について、適切でないものは次のうちどれか。

1　貫流ボイラーを除く蒸気ボイラーには、原則として、2個以上のガラス水面計を見やすい位置に取り付ける。

2　ガラス水面計は、可視範囲の最下部がボイラーの安全低水面と同じ高さになるように取り付ける。

3　丸形ガラス水面計は、主として最高使用圧力1MPa以下の丸ボイラーなどに用いられる。

4　平形反射式水面計は、裏側から電灯の光を通すことにより、水面を見分けるものである。

5　二色水面計は、光線の屈折率の差を利用したもので、蒸気部は赤色に、水部は緑色（青色）に見える。

問 007 ボイラーのエコノマイザについて、適切でないものは次のうちどれか。

1 エコノマイザは、煙道ガスの余熱を回収して給水の予熱に利用する装置である。

2 エコノマイザ管には、平滑管やひれ付き管が用いられる。

3 エコノマイザを設置すると、ボイラー効率を向上させ、燃料が節約できる。

4 エコノマイザを設置すると、通風抵抗が多少増加する。

5 エコノマイザは、燃料の性状によっては高温腐食を起こす。

問 008 ボイラーの給水系統装置について、誤っているものは次のうちどれか。

1 ディフューザポンプは、羽根車の周辺に案内羽根のある遠心ポンプで、高圧のボイラーには多段ディフューザポンプが用いられる。

2 渦巻ポンプは、羽根車の周辺に案内羽根のない遠心ポンプで、一般に低圧のボイラーに用いられる。

3 渦流ポンプは、円周流ポンプとも呼ばれているもので、小容量の蒸気ボイラーなどに用いられる。

4 給水逆止め弁には、ゲート弁またはグローブ弁が用いられる。

5 給水弁と給水逆止め弁をボイラーに取り付ける場合は、ボイラーに近い側に給水弁を取り付ける。

問 009 ボイラーの圧力制御機器について、誤っているものは次のうちどれか。

1 比例式蒸気圧力調節器は、一般に、コントロールモータとの組合せにより、比例動作によって蒸気圧力の調節を行う。

2 比例式蒸気圧力調節器では、比例帯の設定を行う。

3 オンオフ式蒸気圧力調節器（電気式）は、蒸気圧力によって伸縮するベローズがスイッチを開閉し燃焼を制御する装置で、機器本体をボイラー本体に直接取り付ける。

4 蒸気圧力制限器は、ボイラーの蒸気圧力が異常に上昇した場合などに、直ちに燃料の供給を遮断するものである。

5 蒸気圧力制限器には、一般にオンオフ式圧力調節器が用いられている。

問 010 ボイラーの自動制御について、誤っているものは次のうちどれか。

1 シーケンス制御は、あらかじめ定められた順序に従って、制御の各段階を、順次、進めていく制御である。

2 オンオフ動作による蒸気圧力制御は、蒸気圧力の変動によって、燃焼または燃焼停止のいずれかの状態をとる。

3　ハイ・ロー・オフ動作による蒸気圧力制御は、蒸気圧力の変動によって、高燃焼、低燃焼または燃焼停止のいずれかの状態をとる。

4　比例動作による制御は、偏差の大きさに比例して操作量を増減するように動作する制御である。

5　微分動作による制御は、偏差が変化する速度に比例して操作量を増減するように動作する制御で、PI動作ともいう。

ボイラーの取扱いに関する知識

問011　ボイラーのばね安全弁および逃がし弁の調整および試験に関するAからDまでの記述で、適切なもののみを全て挙げた組合せは、次のうちどれか。

A　安全弁の調整ボルトを定められた位置に設定した後、ボイラーの圧力をゆっくり上昇させて安全弁を作動させ、吹出し圧力および吹止まり圧力を確認する。

B　安全弁が設定圧力になっても作動しない場合は、直ちにボイラーの圧力を設定圧力の80%程度まで下げ、調整ボルトを締めて再度、試験する。

C　安全弁の吹出し圧力が設定圧力よりも低い場合は、一旦、ボイラーの圧力を設定圧力の80%程度まで下げ、調整ボルトを緩めて再度、試験する。

D　最高使用圧力の異なるボイラーが連絡している場合、各ボイラーの安全弁は、最高使用圧力の最も低いボイラーを基準に調整する。

1　A，B
2　A，B，D
3　A，C，D
4　A，D
5　C，D

問012　ボイラーのたき始めに、燃焼量を急激に増加させてはならない理由として、最も適切なものは次のうちどれか。

1　高温腐食を起こさないため。
2　燃焼装置のベーパロックを起こさないため。
3　スートファイヤを起こさないため。
4　火炎の偏流を起こさないため。
5　ボイラー本体の不同膨張を起こさないため。

問013 ボイラーの運転を停止し、ボイラー水を全部排出する場合の措置として、誤っているものは次のうちどれか。

1 運転停止のときは、ボイラーの水位を常用水位に保つように給水を続け、蒸気の送り出し量を徐々に減少させる。

2 運転停止のときは、燃料の供給を停止し、十分換気してからファンを止め、自然通風の場合はダンパを半開とし、たき口および空気口を開いて炉内を冷却する。

3 運転停止後は、ボイラーの蒸気圧力がないことを確かめた後、給水弁および蒸気弁を閉じる。

4 給水弁および蒸気弁を閉じた後は、ボイラー内部がわずかに負圧になる程度に空気を送り込んでから、空気抜弁を閉じる。

5 ボイラー水の排出は、運転停止後、ボイラー水の温度が90℃以下になってから、吹出し弁を開いて行う。

問014 次のうち、ボイラー給水の脱酸素剤として使用される薬剤のみの組合せはどれか。

1 ヒドラジン————————タンニン

2 りん酸ナトリウム————ヒドラジン

3 塩化ナトリウム————タンニン

4 炭酸ナトリウム————りん酸ナトリウム

5 ヒドラジン————————炭酸ナトリウム

問015 ボイラー水の吹出しについて、誤っているものは次のうちどれか。

1 炉筒煙管ボイラーの吹出しは、ボイラーを運転する前、運転を停止したときまたは負荷が低いときに行う。

2 鋳鉄製蒸気ボイラーの吹出しは、燃焼をしばらく停止してボイラー水の一部を入れ替えるときに行う。

3 水冷壁の吹出しは、いかなる場合でも運転中に行ってはならない。

4 吹出し弁を操作する者が水面計の水位を直接見ることができない場合は、水面計の監視者と共同で合図しながら吹出しを行う。

5 吹出し弁が直列に2個設けられている場合は、急開弁を先に閉じ、次に漸開弁を閉じて吹出しを終了する。

問016 ボイラー水位が安全低水面以下に異常低下する原因として、最も適切でないものは次のうちどれか。

1 蒸気トラップの機能が不良である。

2 不純物により水面計が閉塞している。

3 吹出し装置の閉止が不完全である。

4 プライミングが急激に発生した。

5 ホーミングが急激に発生した。

問017 ボイラーの点火前の点検・準備に関するAからDまでの記述で、正しいもののみを全て挙げた組合せは、次のうちどれか。

A 水面計によってボイラー水位が高いことを確認したときは、吹出しを行って常用水位に調整する。

B 水位を上下して水位検出器の機能を試験し、設定された水位の上限において、正確に給水ポンプが起動することを確認する。

C 験水コックがある場合には、水部にあるコックから水が出ないことを確認する。

D 煙道の各ダンパを全開にして、プレパージを行う。

   1 A, B, D

   2 A, C

   3 A, C, D

   4 A, D

   5 B, D

問018 ボイラーのスートブローについて、誤っているものは次のうちどれか。

1 スートブローは、主としてボイラーの水管外面などに付着するすすの除去を目的として行う。

2 スートブローは、燃焼量の低い状態で行うと、火を消すおそれがある。

3 スートブローは、圧力および温度が低く、多少のドレンを含む蒸気を使用する方がボイラーへの損傷が少ない。

4 スートブロー中は、ドレン弁を少し開けておくのが良い。

5 スートブローの回数は、燃料の種類、負荷の程度、蒸気温度などに応じて決める。

問019 単純軟化法によるボイラー補給水の軟化装置について、誤っているものは次のうちどれか。

1 軟化装置は、強酸性陽イオン交換樹脂を充塡したNa塔に補給水を通過させるものである。

2 軟化装置は、水中のカルシウムやマグネシウムを除去することができる。

3 軟化装置による処理水の残留硬度は、貫流点を超えると著しく減少する。

4 軟化装置の強酸性陽イオン交換樹脂の交換能力が低下した場合は、一般に食塩水で再生を行う。

5 軟化装置の強酸性陽イオン交換樹脂は、1年に1回程度、鉄分による汚染などを調査し、樹脂の洗浄および補充を行う。

問020 ボイラーのガラス水面計の機能試験を行う時期として、必要性の低い時期は次のうちどれか。

1 ホーミングが生じたとき。

2 水位が絶えず上下にかすかに動いているとき。

3 ガラス管の取替えなどの補修を行ったとき。

4 取扱い担当者が交替し、次の者が引き継いだとき。

5 プライミングが生じたとき。

燃料および燃焼に関する知識

問021 次の文中の 内に入れるAからCまでの語句の組合せとして、正しいものは1〜5のうちどれか。

「燃料の工業分析では、 A を気乾試料として、水分、灰分および B を測定し、残りを C として質量（％）で表す。」

	A	B	C
1	気体燃料	水素分	酸素分
2	気体燃料	揮発分	炭素分
3	固体燃料	揮発分	固定炭素
4	固体燃料	固定炭素	揮発分
5	液体燃料	硫黄	酸素

問022 次の文中の 　　　　　 内に入れるAからCの語句の組合せとして、適切なものは1～5のうちどれか。

「液体燃料を加熱すると　A　が発生し、これに小火炎を近づけると瞬間的に光を放って燃え始める。この光を放って燃える　B　の温度を　C　という。」

	A	B	C
1	酸素	最高	引火点
2	酸素	最低	発火温度
3	蒸気	最高	発火温度
4	蒸気	最低	引火点
5	水素	最高	着火温度

問023 重油の性質に関するAからDまでの記述で、正しいもののみを全て挙げた組合せは、次のうちどれか。

A 重油の密度は、温度が上昇すると増加する。

B 流動点は、重油を冷却したときに流動状態を保つことのできる最低温度で、一般に温度は凝固点より2.5℃高い。

C 凝固点とは、油が低温になって凝固するときの最高温度をいう。

D 密度の小さい重油は、密度の大きい重油より単位質量当たりの発熱量が大きい。

1　A，B，C
2　A，D
3　B，C
4　B，C，D
5　C，D

問024 油だきボイラーにおける重油の加熱に関するAからDまでの記述で、適切なもののみを全て挙げた組合せは、次のうちどれか。

A 軽油やA重油は、一般に加熱を必要としない。

B 加熱温度が低すぎると、振動燃焼となる。

C 加熱温度が高すぎると、すすが発生する。

D 加熱温度が高すぎると、バーナ管内で油が気化し、ベーパロックを起こす。

1　A
2　A，B，D
3　A，C，D

4 A, D

5 B, C

問025 ボイラーの油バーナについて、誤っているものは次のうちどれか。

1 圧力噴霧式バーナは、油に高圧力を加え、これをノズルチップから炉内に噴出させて微粒化するものである。

2 戻り油式圧力噴霧バーナは、単純な圧力噴霧式バーナに比べ、ターンダウン比が広い。

3 高圧蒸気噴霧式バーナは、比較的高圧の蒸気を霧化媒体として油を微粒化するもので、ターンダウン比が狭い。

4 回転式バーナは、回転軸に取り付けられたカップの内面で油膜を形成し、遠心力により油を微粒化するものである。

5 ガンタイプバーナは、ファンと圧力噴霧式バーナを組み合わせたもので、燃焼量の調節範囲が狭い。

問026 ボイラー用固体燃料と比べた場合のボイラー用気体燃料の特徴として、誤っているものは次のうちどれか。

1 成分中の炭素に対する水素の比率が低い。

2 発生する熱量が同じ場合、CO_2の発生量が少ない。

3 燃料中の硫黄分や灰分が少なく、公害防止上有利で、また、伝熱面や火炉壁を汚染することがほとんどない。

4 燃料費は割高である。

5 漏えいすると、可燃性混合気を作りやすく、爆発の危険性が高い。

問027 重油燃焼によるボイラーおよび附属設備の低温腐食の抑制方法として、誤っているものは次のうちどれか。

1 硫黄分の少ない重油を選択する。

2 燃焼ガス中の酸素濃度を上げる。

3 給水温度を上昇させて、エコノマイザの伝熱面の温度を高く保つ。

4 蒸気式空気予熱器を用いて、ガス式空気予熱器の伝熱面の温度が低くなり過ぎないようにする。

5 重油に添加剤を加え、燃焼ガスの露点を下げる。

問028 ボイラー用ガスバーナについて、誤っているものは次のうちどれか。

1　ボイラー用ガスバーナは、ほとんどが拡散燃焼方式を採用している。

2　拡散燃焼方式ガスバーナは、空気の流速・旋回強さ、ガスの分散・噴射方法、保炎器の形状などにより、火炎の形状やガスと空気の混合速度を調節する。

3　センタータイプガスバーナは、空気流中に数本のガスノズルを有し、ガスノズルを分割することによりガスと空気の混合を促進する。

4　リングタイプガスバーナは、リング状の管の内側に多数のガス噴射孔を有し、ガスを空気流の外側から内側に向けて噴射する。

5　ガンタイプガスバーナは、バーナ、ファン、点火装置、燃焼安全装置、負荷制御装置などを一体化したもので、中・小容量のボイラーに用いられる。

問029 ボイラーの通風に関するAからDまでの記述で、適切なもののみを全て挙げた組合せは、次のうちどれか。

A　誘引通風は、燃焼ガス中に、すす、ダストおよび腐食性物質を含むことが多く、ファンの腐食や摩耗が起こりやすい。

B　押込通風は、一般に、常温の空気を取り扱い、所要動力が小さいので、油だきボイラーなどに広く用いられている。

C　誘引通風は、比較的高温で体積の大きな燃焼ガスを取り扱うので、炉内の気密が不十分であると燃焼ガスが外部へ漏れる。

D　平衡通風は、燃焼調節が容易で、通風抵抗の大きなボイラーでも強い通風力が得られる。

   1　A

   2　A，B，D

   3　A，C

   4　B，C，D

   5　B，D

問030 ボイラーの熱損失に関し、次のうち誤っているものはどれか。

1　排ガス熱によるものがある。

2　不完全燃焼ガスによるものがある。

3　ボイラー周壁からの放散熱によるものがある。

4　ドレンや吹出しによるものは含まれない。

5 熱伝導率が小さく、かつ、一般に密度の小さい保温材を用いることにより熱損失を小さくできる。

関係法令

問031 ボイラー（移動式ボイラー、屋外式ボイラーおよび小型ボイラーを除く。）を設置するボイラー室について、法令上、誤っているものは次のうちどれか。

1 伝熱面積が3m²を超える蒸気ボイラーは、ボイラー室に設置しなければならない。

2 ボイラーの最上部から天井、配管その他のボイラーの上部にある構造物までの距離は、原則として、1.2m以上としなければならない。

3 ボイラー室には、必要がある場合のほか、引火しやすいものを持ち込ませてはならない。

4 ボイラーを取り扱う労働者が緊急の場合に避難するために支障がないボイラー室を除き、ボイラー室には、2以上の出入口を設けなければならない。

5 ボイラー室に燃料の重油を貯蔵するときは、原則として、これをボイラーの外側から1.2m以上離しておかなければならない。

問032 ボイラー（小型ボイラーを除く。）の定期自主検査における項目と点検事項との組合せとして、法令に定められていないものは次のうちどれか。

	項　目	点検事項
1	圧力調節装置	機能の異常の有無
2	ストレーナ	つまりまたは損傷の有無
3	油加熱器および燃料送給装置	保温の状態および損傷の有無
4	バーナ	汚れまたは損傷の有無
5	煙道	漏れその他の損傷の有無および通風圧の異常の有無

問033 法令上、ボイラーの伝熱面積に算入しない部分は、次のうちどれか。

1 節炭器管

2 煙管

3 水管

4 炉筒

5 管寄せ

問034 鋳鉄製ボイラー（小型ボイラーを除く。）の附属品について、次の文中の ▢ 内に入れるAからCまでの語句の組合せとして、法令に定められているものは1〜5のうちどれか。

「 A ボイラーには、ボイラーの B 付近における A の C を表示する C 計を取り付けなければならない。」

	A	B	C
1	蒸気	入口	温度
2	蒸気	出口	流量
3	温水	出口	流量
4	温水	入口	温度
5	温水	出口	温度

問035 ボイラー（移動式ボイラーおよび小型ボイラーを除く。）に関する次の文中の ▢ 内に入れるAからCまでの語句の組合せとして、法令上、適切なものは1〜5のうちどれか。

なお、ボイラーはボイラー室に設置する必要のあるものとする。

「ボイラーを設置した者は、所轄労働基準監督署長が検査の必要がないと認めたものを除き、①ボイラー、②ボイラー室、③ボイラーおよびその A の配置状況、④ボイラーの B 並びに燃焼室および煙道の構造について、 C 検査を受けなければならない。」

	A	B	C
1	自動制御装置	通風装置	落成
2	自動制御装置	据付基礎	使用
3	配管	据付基礎	落成
4	配管	附属設備	落成
5	配管	据付基礎	使用

問036 ボイラー（小型ボイラーを除く。）の附属品の管理のため行わなければならない事項として、法令に定められていないものは次のうちどれか。

1 圧力計の目もりには、ボイラーの最高使用圧力を示す位置に、見やすい表示をすること。

2 　蒸気ボイラーの最高水位は、ガラス水面計またはこれに接近した位置に、現在水位と比較することができるように表示すること。

3 　圧力計は、使用中その機能を害するような振動を受けることがないようにし、かつ、その内部が凍結し、または80℃以上の温度にならない措置を講ずること。

4 　燃焼ガスに触れる給水管、吹出管および水面測定装置の連絡管は、耐熱材料で防護すること。

5 　温水ボイラーの返り管については、凍結しないように保温その他の措置を講ずること。

問 037 ボイラーの取扱いの作業について、法令上、ボイラー取扱作業主任者として二級ボイラー技士を選任できるボイラーは、次のうちどれか。ただし、他にボイラーはないものとする。

1 　最大電力設備容量が450kWの電気ボイラー

2 　伝熱面積が30m²の鋳鉄製蒸気ボイラー

3 　伝熱面積が40m²の炉筒煙管ボイラー

4 　伝熱面積が30m²の煙管ボイラー

5 　伝熱面積が30m²の鋳鉄製温水ボイラー

問 038 ボイラー（小型ボイラーを除く。）の次の部分または設備を変更しようとするとき、法令上、ボイラー変更届を所轄労働基準監督署長に提出する必要のないものはどれか。ただし、計画届の免除認定を受けていない場合とする。

1 　給水ポンプ

2 　節炭器

3 　過熱器

4 　燃焼装置

5 　据付基礎

問 039 鋼製ボイラー（小型ボイラーを除く。）の安全弁について、法令に定められていない内容のものは次のうちどれか。

1 　伝熱面積が50m²を超える蒸気ボイラーには、安全弁を2個以上備えなければならない。

2 　貫流ボイラー以外の蒸気ボイラーの安全弁は、ボイラー本体の容易に検査できる位置に直接取り付け、かつ、弁軸を鉛直にしなければならない。

3　貫流ボイラーに備える安全弁については、ボイラー本体の安全弁より先に吹き出すように調整するため、当該ボイラーの最大蒸発量以上の吹出し量のものを、過熱器の入口付近に取り付けることができる。

4　過熱器には、過熱器の出口付近に過熱器の温度を設計温度以下に保持することができる安全弁を備えなければならない。

5　水の温度が120℃を超える温水ボイラーには、安全弁を備えなければならない。

問040　法令上、起動時にボイラー水が不足している場合および運転時にボイラー水が不足した場合に、自動的に燃料の供給を遮断する装置またはこれに代わる安全装置を設けなければならないボイラー（小型ボイラーを除く。）は、次のうちどれか。

1　鋳鉄製蒸気ボイラー

2　炉筒煙管ボイラー

3　自然循環式水管ボイラー

4　貫流ボイラー

5　強制循環式水管ボイラー

問001 　　　　　　　　　　　　　　　　　　　　　正解 [**2**]

▶テキスト P.38

1 　正しい。ボイラー内で、**温度が上昇した水および気泡を含んだ水は上昇**し、その後に**温度の低い水が下降**して、水の循環流ができます。

2 　誤り。丸ボイラーは、伝熱面の多くがボイラー水中に設けられ、水の対流が**容易**なので、水循環の系路を構成する必要が**ありません**。

3 　正しい。水管ボイラーでは、特に水循環を良くするため、**上昇管と降水管**を設けているものが多いです。

4 　正しい。自然循環式水管ボイラーは、高圧になるほど蒸気と水との**密度差が小さく**なり、**循環力が弱く**なります。

5 　正しい。**水循環が良い**と熱が水に十分に伝わり、伝熱面温度は**水温に近い温度**に保たれます。

問002 　　　　　　　　　　　　　　　　　　　　　正解 [**1**]

▶テキスト P.28

1 　誤り。燃焼室に直面している（火炎によって直接熱せられた）伝熱面は**放射伝熱面**、燃焼室を出たガス通路に配置される火炎によって熱せられた高温ガスによる伝熱面は**接触伝熱面**または**対流伝熱面**といわれます。

2 　正しい。**燃焼室**は、燃料を燃焼させ、熱が発生する部分で、**火炉**ともいわれます。

3 　正しい。燃焼装置は、燃料の種類によって異なり、**液体燃料**、**気体燃料**および**微粉炭**には**バーナ**が、一般固体燃料には**火格子**が用いられます。

4 　正しい。燃焼室は、供給された燃料を速やかに**着火・燃焼**させ、発生する**可燃性ガス**と空気との混合接触を良好にして、**完全燃焼**を行わせる部分です。

5 　正しい。**加圧燃焼方式**の燃焼室は、**気密構造**になっています。

問003 　　　　　　　　　　　　　　　　　　　　　正解 [**5**]

▶テキスト P.39、P.42

1 　正しい。構造上、**低圧小容量用**から**高圧大容量用**までに適しています。

2 　正しい。伝熱面積を**大きく**とれるので、一般に熱効率を**高く**できます。

3 　正しい。伝熱面積当たりの保有水量が小さいので、起動から所要蒸気発生までの時

間が**短い**です。

4 正しい。使用蒸気量の変動による圧力変動および水位変動が**大きい**です。

5 誤り。戻り燃焼方式を採用して、燃焼効率を高めているのは、**炉筒煙管ボイラー**の特徴です。

問 004　　　　　　　　　　　　　　　　　　　　　　正解 [**3**]
▶テキスト P.49

「暖房用鋳鉄製蒸気ボイラーでは、一般に復水を循環して使用し、給水管はボイラーに直接接続しないで**返り管**に取り付け、**低水位事故**を防止します。」

問 005　　　　　　　　　　　　　　　　　　　　　　正解 [**3**]
▶テキスト P.54

1 正しい。皿形鏡板は、**球面殻**、**環状殻**および**円筒殻**から成っています。

2 正しい。胴と鏡板の厚さが同じ場合、圧力によって生じる応力について、胴の周継手は長手継手より**2倍強**くなります。そのため、長手継手のほうが弱いため、**長手継手を周継手の2倍の強さ**にします。

3 誤り。皿形鏡板に生じる応力は、**すみの丸み**の部分において最も**大きく**なります。この応力は、すみの丸みの半径が**小さい**ほど大きくなります。

4 正しい。平鏡板の大径のものや高い圧力を受けるものは、内部の圧力によって生じる**曲げ応力**に対して、強度を確保するため**ステー**によって補強します。

5 正しい。管板には、煙管のころ広げに要する厚さを確保するため、一般に**平管板**が用いられます。

問 006　　　　　　　　　　　　　　　　　　　　　　正解 [**4**]
▶テキスト P.62

1 適切。貫流ボイラーを除く蒸気ボイラーには、原則として、**2個以上のガラス水面計**を見やすい位置に取り付けます。

2 適切。ガラス水面計は、可視範囲の**最下部**がボイラーの**安全低水面**と同じ高さになるように取り付けます。

3 適切。丸形ガラス水面計は、主として最高使用圧力**1MPa以下**の丸ボイラーなどに用いられます。

4 不適切。**平形透視式水面計**は、**裏側**から**電灯の光**を通すことにより、水面を見分けるものです。

5 適切。二色水面計は、光線の屈折率の差を利用したもので、蒸気部は**赤色**に、水部は**緑色（青色）**に見えます。

▶テキスト P.83

問 007　　　　　　　　　　　　　　　　　　　　　正解 [**5**]

1 適切。エコノマイザは、煙道ガスの余熱を回収して給水の**予熱**に利用する装置です。
2 適切。エコノマイザ管には、**平滑管やひれ付き管**が用いられます。
3 適切。エコノマイザを設置すると、ボイラー効率を**向上**させ、燃料が**節約**できます。
4 適切。エコノマイザを設置すると、通風抵抗が**多少増加**します。
5 不適切。エコノマイザは、燃料の性状によっては**低温腐食**を起こします。それは、重油中に含まれる**硫黄分**と油分な酸素と結びつき、その後、排ガス中の**水分**と結びつき**硫酸の蒸気**となり**エコノマイザや空気予熱器**などを腐食させる**低温腐食**の要因となります。

▶テキスト P.76

問 008　　　　　　　　　　　　　　　　　　　　　正解 [**4**]

1 正しい。**ディフューザポンプ**は、羽根車の周辺に**案内羽根のある**遠心ポンプで、高圧のボイラーには**多段ディフューザポンプ**が用いられます。
2 正しい。**渦巻ポンプ**は、羽根車の周辺に**案内羽根のない**遠心ポンプで、一般に**低圧**のボイラーに用いられます。
3 正しい。**渦流ポンプ**は、**円周流ポンプ**とも呼ばれているもので、**小容量の蒸気ボイラー**などに用いられます。
4 誤り。**給水逆止め弁**には、**リフト式**または**スイング式**が用いられます。
5 正しい。給水弁と給水逆止め弁をボイラーに取り付ける場合は、ボイラーに**近い側**に**給水弁**を取り付けます。

▶テキスト P.100

問 009　　　　　　　　　　　　　　　　　　　　　正解 [**3**]

1 正しい。比例式蒸気圧力調節器は、一般に、**コントロールモータ**との組合せにより、**比例動作**によって蒸気圧力の調節を行います。
2 正しい。比例式蒸気圧力調節器では、**比例帯**の設定を行います。
3 誤り。オンオフ式蒸気圧力調節器（電気式）は、蒸気圧力によって伸縮する**ベローズ**が**スイッチを開閉**し燃焼を制御する装置です。取付には、機器本体に直接高圧蒸

気が入らないように、手前に水を入れた**サイホン管**を用います。

4 **正しい。**蒸気圧力制限器は、ボイラーの蒸気圧力が異常に上昇した場合などに、直ちに**燃料の供給を遮断**するものです。

5 **正しい。**蒸気圧力制限器には、一般に**オンオフ式圧力調節器**が用いられています。

問010　　　　　　　　　　　　　　　正解［**5**］

▶テキスト P.93

1 **正しい。シーケンス制御**は、あらかじめ**定められた順序**に従って、制御の各段階を、順次、進めていく制御です。

2 **正しい。オンオフ動作**による蒸気圧力制御は、蒸気圧力の変動によって、**燃焼または燃焼停止**のいずれかの状態をとります。

3 **正しい。ハイ・ロー・オフ動作**による蒸気圧力制御は、蒸気圧力の変動によって、**高燃焼、低燃焼または燃焼停止**のいずれかの状態をとります。

4 **正しい。比例動作**による制御は、**偏差の大きさに比例**して操作量を増減するように動作する制御であります。

5 **誤り。微分動作**による制御は、**偏差が変化する速度に比例**して操作量を増減するように動作する制御で、**D動作**ともいいます。**PI動作**は、比例動作（P動作）と積分動作（I動作）を組み合わせたものです。

ボイラーの取扱いに関する知識

問011　　　　　　　　　　　　　　　正解［**4**］

▶テキスト P.145

A **適切。**安全弁の調整ボルトを**定められた位置**に設定した後、ボイラーの圧力をゆっくり**上昇させて安全弁を作動**させ、吹出し圧力および吹止まり圧力を確認します。

B **不適切。**安全弁が設定圧力になっても作動しない場合は、直ちにボイラーの圧力を設定圧力の80％程度まで下げ、調整ボルトを**緩めて**再度、試験をします。設定圧力が高い可能性があるため、調整ボルトを締めてはいけません。

C **不適切。**安全弁の吹出し圧力が設定圧力よりも低い場合は、一旦、ボイラーの圧力を設定圧力の80％程度まで下げ、調整ボルトを**締めながら**再度、試験をします。設定圧力より低い圧力で吹出しているということは設定圧力が低い可能性があるため、調整ボルトを締めます。

D 適切。最高使用圧力の異なるボイラーが連絡している場合、各ボイラーの安全弁は、最高使用圧力の最も**低い**ボイラーを基準に調整します。

問012 正解［**5**］

▶テキスト P.122

1 不適切。高温腐食は**適切ではありません**。
2 不適切。燃焼装置のベーパロックは**適切ではありません**。
3 不適切。スートファイヤは**適切ではありません**。
4 不適切。火炎の偏流は**適切ではありません**。
5 適切。ボイラー本体の**不同膨張**を起こさないためには、燃焼量を急激に増加させてはいけません。

問013 正解［**4**］

▶テキスト P.133、P.155

1 正しい。運転停止のときは、ボイラーの水位を**常用水位**に保つように給水を続け、蒸気の送り出し量を徐々に**減少**させます。
2 正しい。運転停止のときは、燃料の供給を**停止**し、十分**換気**してからファンを止め、自然通風の場合はダンパを**半開き**とし、たき口および空気口を開いて炉内を**冷却**します。
3 正しい。運転停止後は、ボイラーの**蒸気圧力**がないことを確かめた後、給水弁および蒸気弁を閉じます。
4 誤り。給水弁および蒸気弁を閉じた後は、ボイラー内部が**負圧**にならないように空気抜弁を開いて空気を送り込みます。
5 正しい。ボイラー水の排出は、運転停止後、ボイラー水の温度が90℃以下になってから、**吹出し弁**を開いて行います。

問014 正解［**1**］

▶テキスト P.178

ボイラー給水の脱酸素剤として使用される薬剤は、**ヒドラジン**、**タンニン**、亜硫酸ナトリウムです。

問015　　　　　　　　　　　　　　　　　　　　　　　　正解 [5]

▶テキスト P.147

1　正しい。炉筒煙管ボイラーの吹出しは、ボイラーを**運転する前、運転を停止した**ときまたは**負荷が低い**ときに行います。

2　正しい。鋳鉄製蒸気ボイラーの吹出しは、燃焼をしばらく**停止**してボイラー水の一部を入れ替えるときに行います。

3　正しい。水冷壁の吹出しは、いかなる場合でも運転中に**行ってはなりません**。

4　正しい。吹出し弁を操作する者が水面計の水位を直接見ることができない場合は、水面計の監視者と**共同で合図**しながら吹出しを行います。

5　誤り。吹出し弁が直列に2個設けられている場合は、吹出しの開始は急開弁を先に開け、次に漸開弁を開けます。吹出しの終了は**漸開弁**を先に閉じ、次に**急開弁**を閉じます。

問016　　　　　　　　　　　　　　　　　　　　　　　　正解 [1]

▶テキスト P.126

1　不適切。蒸気トラップの機能が不良は、ボイラー水位が異常低下する原因には**なりません**（蒸気トラップは蒸気配管中に設置するため、水の低下には関係しません）。

2　適切。不純物により水面計が**閉塞**している場合、正しい水位が確認できず、ボイラー水位が異常低下する原因になります。

3　適切。吹出し装置の閉止が**不完全**である場合、水漏れによりボイラー水位が異常低下する原因になります。

4　適切。**プライミング**が急激に発生した場合、水位が高いと判断し、ボイラー水位が異常低下する原因になります。

5　適切。**ホーミング**が急激に発生した場合、水位が高いと判断し、ボイラー水位が異常低下する原因になります。

問017　　　　　　　　　　　　　　　　　　　　　　　　正解 [4]

▶テキスト P.66、P.119

A　正しい。水面計によってボイラー水位が高いことを確認したときは、吹出しを行って**常用水位**に調整します。

B　誤り。水位を上下して水位検出器の機能を試験し、設定された水位の**上限**において給水ポンプが**停止**し、**下限**において給水ポンプが**起動**することを確認します。

C　誤り。験水コックがある場合には、水部にあるコックから水が噴き出すことを確認

します。

D　正しい。煙道の各ダンパを**全開**にして、**プレパージ**を行います。

問018

正解［**3**］

▶テキスト P.86、P.154

1　正しい。スートブローは、主としてボイラーの水管外面などに付着するすすの除去を目的として行います。

2　正しい。スートブローは、燃焼量の低い状態で行うと、**火を消す**おそれがあるので、燃焼量が低い状態では行いません。

3　誤り。スートブローは、ドレンを十分に抜いた**乾いた蒸気**を使用する方がボイラーへの損傷が少なくなります。

4　正しい。スートブロー中は、ドレン弁を少し開けておくのが良いです。

5　正しい。スートブローの回数は、**燃料の種類、負荷の程度、蒸気温度**などに応じて決めます。

問019

正解［**3**］

▶テキスト P.179

1　正しい。軟化装置は、**強酸性陽イオン交換樹脂**を充填したNa塔に補給水を通過させるものです。

2　正しい。軟化装置は、水中の**カルシウム**や**マグネシウム**を除去することができます。

3　誤り。軟化装置を使用していると樹脂の置換能力が次第に減少し、処理水の残留硬度（除去できなくて残った硬度成分）は次第に増加し、硬度成分の許容範囲である**貫流点を超える**と著しく増加します。

4　正しい。軟化装置の強酸性陽イオン交換樹脂の交換能力が**低下**した場合は、一般に**食塩水**で再生を行います。

5　正しい。軟化装置の強酸性陽イオン交換樹脂は、1年に1回程度、鉄分による汚染などを調査し、**樹脂の洗浄および補充**を行います。

問020

正解［**2**］

▶テキスト P.140

1　必要。ホーミングが生じたとき。

2　不要。水位が絶えず上下にかすかに動いているときは正常のため行う必要はありません。水位の動きが鈍く、正しい水位か疑わしい場合は機能試験を行います。

3 必要。ガラス管の取替えなどの補修を行ったとき。

4 必要。取扱い担当者が交替し、次の者が引き継いだとき。

5 必要。プライミングが生じたとき。

燃料および燃焼に関する知識

問021

正解［**3**］

▶テキスト P.192

「燃料の工業分析では、固体燃料を気乾試料として、水分、灰分および揮発分を測定し、残りを固定炭素として質量（%）で表します。」

問022

正解［**4**］

▶テキスト P.193

「液体燃料を加熱すると蒸気が発生し、これに小火炎を近づけると瞬間的に光を放って燃え始める。この光を放って燃える最低の温度を引火点という。」

　燃料を空気中で加熱すると、温度が徐々に上昇します。このとき、他から点火しないで自然に燃え始める最低の温度を着火温度（着火点）といいます。そのため、解答は上記のようになります。

問023

正解［**4**］

▶テキスト P.195

A　誤り。重油の密度は、温度が上昇すると減少します。

B　正しい。流動点は、重油を冷却したときに流動状態を保つことのできる最低温度で、一般に温度は凝固点より2.5℃高くなります。

C　正しい。凝固点とは、油が低温になって凝固するときの最高温度をいいます。

D　正しい。密度の小さい重油は、密度の大きい重油より単位質量当たりの発熱量が大きくなります。

問024

正解［**4**］

▶テキスト P.214

A　適切。軽油やA重油は、一般に加熱を必要としません。

B　不適切。加熱温度が低すぎると、すすが発生します。また、霧化不良となり火炎が

偏流します。

C 不適切。加熱温度が高すぎると、**息づき燃焼**を起こします。また、**炭化物生成**の原因になります。

D 適切。加熱温度が高すぎると、バーナ管内で油が気化し、ベーパロックを起こします。

問 025

正解 [**3**]

▶テキスト P.216

1 正しい。**圧力噴霧式バーナ**は、油に**高圧力**を加え、これをノズルチップから炉内に噴出させて**微粒化**するものです。

2 正しい。**戻り油式圧力噴霧バーナ**は、単純な圧力噴霧バーナに比べ、ターンダウン比が**広く**なります。

3 誤り。**高圧蒸気噴霧式バーナ**は、比較的高圧の蒸気を霧化媒体として油を微粒化するもので、ターンダウン比が**広く**なります。

4 正しい。**回転式バーナ**は、回転軸に取り付けられた**カップの内面**で油膜を形成し、**遠心力**により油を**微粒化**するものです。

5 正しい。**ガンタイプバーナ**は、ファンと圧力噴霧式バーナを組み合わせたもので、燃焼量の調節範囲（ターンダウン比）が**狭く**なります。

問 026

正解 [**1**]

▶テキスト P.198

1 誤り。成分中の炭素に対する**水素の比率が高く**なります。

2 正しい。発生する熱量が同じ場合、CO_2の発生量が少ないです。

3 正しい。燃料中の**硫黄分**や**灰分**が少なく、公害防止上有利で、また、伝熱面や火炉壁を**汚染**することがほとんどないです。

4 正しい。燃料費は**割高**になります。

5 正しい。**漏えい**すると、可燃性混合気を作りやすく、**爆発の危険性**が高くなります。

問 027

正解 [**2**]

▶テキスト P.214

1 正しい。**硫黄分の少ない重油**を選択します。

2 誤り。燃焼ガス中の**酸素濃度を下げます**。

3 正しい。給水温度を上昇させて、**エコノマイザ**の伝熱面の温度を高く保ちます。

4 正しい。**蒸気式空気予熱器**を用いて、ガス式空気予熱器の伝熱面の温度が**低くなり過ぎない**ようにします。

5 正しい。重油に添加剤を加え、燃焼ガスの**露点を下げ**ます。

問028　　　　　　　　　　　　正解［**3**］
▶テキスト P.223

1 正しい。ボイラー用ガスバーナは、ほとんどが**拡散燃焼方式**を採用しています。

2 正しい。**拡散燃焼方式ガスバーナ**は、空気の流速・旋回強さ、ガスの分散・噴射方法、保炎器の形状などにより、火炎の形状やガスと空気の混合速度を調節します。

3 誤り。**マルチスパッドガスバーナ**は、空気流中に**数本のガスノズル**を有し、ガスノズルを分割することによりガスと空気の混合を促進します。**センタータイプガスバーナ**は、空気流の**中心にガスノズル**があり、先端からガスが放射状に噴射する最も簡易形のバーナです。

4 正しい。**リングタイプガスバーナ**は、**リング状**の管の内側に多数のガス噴射孔を有し、ガスを空気流の外側から内側に向けて噴射します。

5 正しい。**ガンタイプガスバーナ**は、バーナ、ファン、点火装置、燃焼安全装置、負荷制御装置などを**一体化**したもので、**中・小容量**のボイラーに用いられます。

問029　　　　　　　　　　　　正解［**2**］
▶テキスト P.233

A 適切。**誘引通風**は、燃焼ガス中に、すす、ダストおよび腐食性物質を含むことが多く、ファンの腐食や摩耗が起こりやすくなります。

B 適切。**押込通風**は、一般に、常温の空気を取り扱い、所要動力が小さいので、油だきボイラーなどに広く用いられています。

C 不適切。**誘引通風**は、比較的高温で体積の大きな燃焼ガスを取り扱うので、**大型の**ファンを要し、所要動力が**大きく**なります。また、炉内圧は大気圧よりやや低くなるため、燃焼ガスの外部への**漏れ出しがありません**。

D 適切。**平衡通風**は、燃焼調節が**容易**で、通風抵抗の大きなボイラーでも強い通風力が得られます。

問030　　　　　　　　　　　　正解［**4**］
▶テキスト P.205

1 正しい。**排ガス熱**によるものがあります。一般的に一番大きな損失です。

2　正しい。**不完全燃焼ガス**によるものがあります。

3　正しい。ボイラー周壁からの**放散熱**によるものがあります。

4　誤り。ドレンや吹出しによるものは**含まれます**。

5　正しい。熱伝導率が小さく、かつ、一般に密度の小さい**保温材**を用いることにより熱損失を**小さく**できます。

関係法令

問031　正解［**5**］
▶テキスト P.257

1　正しい。伝熱面積が3m²を超える蒸気ボイラーは、**ボイラー室**に設置しなければなりません。

2　正しい。ボイラーの最上部から天井、配管その他のボイラーの上部にある構造物までの距離は、原則として、**1.2m以上**としなければなりません。

3　正しい。ボイラー室には、必要がある場合のほか、**引火しやすいものを持ち込ませてはなりません**。

4　正しい。ボイラーを取り扱う労働者が緊急の場合に避難するために支障がないボイラー室を除き、ボイラー室には、**2以上の出入口**を設けなければなりません。

5　誤り。ボイラー室に液体燃料または**気体燃料**を貯蔵するときは、原則として、これをボイラーの外側から**2m以上**離しておかなければなりません。また、**固体燃料**では、ボイラーの外側から**1.2m以上**離します。

問032　正解［**3**］
▶テキスト .263

1　正しい。**圧力調節装置**の点検項目は、機能の異常の有無です。

2　正しい。**ストレーナ**の点検項目は、つまりまたは損傷の有無です。

3　誤り。**油加熱器および燃料送給装置**の点検項目は、損傷の有無です。

4　正しい。**バーナ**の点検項目は、汚れまたは損傷の有無です。

5　正しい。**煙道**の点検項目は、漏れその他の損傷の有無および通風圧の異常の有無です。

問033　正解 [**1**]

▶テキスト P.248

1　算入しない。節炭器管は伝熱管ではありますが、**伝熱面積**には**算入しません**。
2　算入する。煙管は算入します。
3　算入する。**水管**は算入します。
4　算入する。炉筒は算入します。
5　算入する。管寄せは算入します。

問034　正解 [**5**]

▶テキスト P.267

「温水ボイラーには、ボイラーの**出口付近**における**温水の温度**を表示する**温度計**を取り付けなければならない。」となります。

問035　正解 [**3**]

▶テキスト P.251

「ボイラーを設置した者は、所轄労働基準監督署長が検査の必要がないと認めたものを除き、①ボイラー、②ボイラー室、③ボイラーおよびその配管の配置状況、④ボイラーの据付基礎並びに燃焼室および煙道の構造について、**落成検査**を受けなければならない。」

問036　正解 [**2**]

▶テキスト P.262

1　正しい。圧力計の目もりには、ボイラーの**最高使用圧力**を示す位置に、見やすい表示をしなければなりません。
2　誤り。蒸気ボイラーの**常用水位**は、ガラス水面計またはこれに接近した位置に、**現在水位**と比較することができるように**表示**しなければなりません。
3　正しい。**圧力計**は、使用中その機能を害するような**振動**を受けることがないようにし、かつ、その内部が**凍結**し、または**80℃以上**の温度にならない措置を講じなければなりません。
4　正しい。**燃焼ガスに触れる**給水管、吹出管および水面測定装置の連絡管は、**耐熱材**料で防護しなければなりません。
5　正しい。温水ボイラーの返り管については、**凍結**しないように**保温**その他の措置を講じなければなりません。

正解 [**1**]

▶テキスト P.258

1 正しい。最大電力設備容量が450kWの電気ボイラーは、450kW÷20＝22.5m²となり、伝熱面積25m²未満のため、**二級ボイラー技士**を選任できます。

2 誤り。伝熱面積が30m²の鋳鉄製蒸気ボイラーは、伝熱面積が**25m²以上**なので一級ボイラー技士以上が必要になるため、二級ボイラー技士は選任できません。

3 誤り。伝熱面積が40m²の炉筒煙管ボイラーは、伝熱面積が**25m²以上**なので一級ボイラー技士以上が必要になるため、二級ボイラー技士は選任できません。

4 誤り。伝熱面積が30m²の煙管ボイラーは、伝熱面積が**25m²以上**なので一級ボイラー技士以上が必要になるため、二級ボイラー技士は選任できません。

5 誤り。伝熱面積が30m²の鋳鉄製温水ボイラーは、伝熱面積が**25m²以上**なので一級ボイラー技士以上が必要になるため、二級ボイラー技士は選任できません。

正解 [**1**]

▶テキスト P.252

1 不必要。**給水ポンプ（給水装置）**は、変更届が**必要ありません**。変更届が必要ないものには、他に**煙管**、**水管**、**安全弁**、**水処理装置**、**空気予熱器**があります。

2 必要。節炭器は、変更届が**必要**です。

3 必要。過熱器は、変更届が**必要**です。

4 必要。燃焼装置は、変更届が**必要**です。

5 必要。据付基礎は、変更届が**必要**です。

正解 [**3**]

▶テキスト P.266

1 正しい。伝熱面積が50m²を**超える**蒸気ボイラーには、安全弁を**2個以上**備えなければなりません。

2 正しい。貫流ボイラー以外の蒸気ボイラーの安全弁は、ボイラー本体の容易に検査できる位置に**直接取り付け**、かつ、弁軸を**鉛直**にしなければなりません。

3 誤り。貫流ボイラーに備える安全弁については、ボイラー本体の安全弁より先に吹き出すように調整するため、当該ボイラーの最大蒸発量以上の吹出し量のものを、**過熱器の出口付近**に取り付けることができます。

4 正しい。過熱器には、**過熱器の出口付近**に過熱器の温度を設計温度以下に保持することができる安全弁を備えなければなりません。

5 正しい。水の温度が**120℃を超える**温水ボイラーには、**安全弁**を備えなければなりません。

問040

▶テキスト P.271

1 誤り。鋳鉄製蒸気ボイラーには、自動的に燃料の供給を遮断する装置またはこれに代わる安全装置を設ける**義務はありません**。

2 誤り。炉筒煙管ボイラーには、自動的に燃料の供給を遮断する装置またはこれに代わる安全装置を設ける**義務はありません**。

3 誤り。自然循環式水管ボイラーには、自動的に燃料の供給を遮断する装置またはこれに代わる安全装置を設ける**義務はありません**。

4 正しい。法令上、**起動時**にボイラー水が**不足**している場合および**運転時**にボイラー水が**不足**した場合に、**自動的に燃料の供給を遮断する装置**または**これに代わる安全装置**を設けなければならないボイラー（小型ボイラーを除く。）は、**貫流ボイラー**です。

5 誤り。強制循環式水管ボイラーには、自動的に燃料の供給を遮断する装置またはこれに代わる安全装置を設ける**義務はありません**。

● 著　者 ●

清浦　昌之（きよう ら・まさゆき）
茨城大学工学部機械工学科を卒業後、4年間の民間企業の経験を経て、高校の教師となる。
教師1年目から2級ボイラー技士免許の取得指導にあたり、高校生が必死になって勉強し、
合格したときの自信に満ちた輝かしい姿に魅了され、「集中力は目的意識に比例する」「継続は
力なり」をモットーに取り組んでいる。その指導方針のもと、指導した高校生の千名以上が
合格している。1級ボイラー技士の合格者も多く輩出し、女子高校生初の1級ボイラー技士
合格者を生み出すなど、新聞にも数回掲載された。
「平成26年度文部科学大臣優秀教職員表彰」を受賞。
著書に「一発合格！これならわかる　2級ボイラー技士試験テキスト&問題集 第3版」（ナツ
メ社）がある。

● スタッフ ●

編集協力・本文デザイン　　　株式会社エディポック
編集担当　　　　遠藤やよい（ナツメ出版企画株式会社）

本書に関するお問い合わせは、書名・発行日・該当ページを明記の上、下記のいずれかの
方法にてお送りください。電話でのお問い合わせはお受けしておりません。
・ナツメ社webサイトの問い合わせフォーム
　https://www.natsume.co.jp/contact
・FAX（03-3291-1305）
・郵送（下記、ナツメ出版企画株式会社宛て）
なお、回答までに日にちをいただく場合があります。正誤のお問い合わせ以外の書籍内
容に関する解説・受験指導は、一切行っておりません。あらかじめご了承ください。

ナツメ社Webサイト
https://www.natsume.co.jp
書籍の最新情報（正誤情報を含む）は
ナツメ社Webサイトをご覧ください。

一発合格！スラスラ解ける
2級ボイラー技士 重要過去問題&模試

2024年4月5日　初版発行

著　者　　清浦　昌之　　　　　　　　　　　　© Kiyoura Masayuki, 2024
発行者　　田村　正隆

発行所　　株式会社ナツメ社
　　　　　東京都千代田区神田神保町1-52　ナツメ社ビル1F（〒101-0051）
　　　　　電話　03（3291）1257（代表）　　FAX　03（3291）5761
　　　　　振替　00130-1-58661
制　作　　ナツメ出版企画株式会社
　　　　　東京都千代田区神田神保町1-52　ナツメ社ビル3F（〒101-0051）
　　　　　電話　03（3295）3921（代表）
印刷所　　ラン印刷社

ISBN978-4-8163-7524-8　　　　　　　　　　　　Printed in Japan
〈定価はカバーに表示してあります〉〈乱丁・落丁本はお取り替えします〉
本書の一部または全部を著作権法で定められている範囲を超え、ナツメ出版企画株式会社に
無断で複写、複製、転載、データファイル化することを禁じます。